“十三五”
国家重点出版物出版规划项目

中国生产力促进中心协会
国际智慧城市研究院

智慧城市实践系列丛书

智慧楼宇实践

SMART BUILDING PRACTICE

主 编 张 徐

副主编 何唯平

U0277664

人民邮电出版社

北 京

图书在版编目（CIP）数据

智慧楼宇实践 / 张徐主编. —— 北京：人民邮电出版社，2020.9（2022.9重印）
（智慧城市实践系列丛书）
ISBN 978-7-115-54401-8

Ⅰ. ①智… Ⅱ. ①张… Ⅲ. ①智能化建筑－楼宇自动化 Ⅳ. ①TU855

中国版本图书馆CIP数据核字(2020)第119081号

内 容 提 要

本书分为两篇8章：第一篇的内容包括智慧楼宇概述、智慧楼宇在世界各地的发展情况、智慧楼宇的支撑技术；第二篇的内容包括智慧楼宇子系统的建设、建筑设备管理系统的建设、智慧楼宇安防系统的建设、智慧楼宇能效管理系统的建设、智慧楼宇综合管理系统的建设。通过阅读本书，读者能切身体会到智慧楼宇建设构成的方方面面以及国内外智慧楼宇的建设成果，以及我国在智慧楼宇领域的努力方向及建设思路。

本书供从事智慧楼宇实践的产品生产厂商、智慧楼宇建设的负责人、智慧楼宇方案提供商及相关从业人员阅读和参考。

◆ 主　　编　张　徐
　　副 主 编　何唯平
　　责任编辑　贾朔荣
　　责任印制　彭志环

◆ 人民邮电出版社出版发行　　北京市丰台区成寿寺路 11 号
　　邮编　100164　　电子邮件　315@ptpress.com.cn
　　网址　https://www.ptpress.com.cn
　　涿州市京南印刷厂印刷

◆ 开本：700×1000　1/16
　　印张：13.75　　　　　　　　　　　2020 年 9 月第 1 版
　　字数：276 千字　　　　　　　　　2022 年 9 月河北第 3 次印刷

定价：98.00 元
读者服务热线：(010) 81055493　印装质量热线：(010) 81055316
反盗版热线：(010) 81055315
广告经营许可证：京东市监广登字 20170147 号

申长江　　中国生产力促进中心协会常务副理事长、秘书长

聂梅生　　全联房地产商会创会会长

郑效敏　　中华环保联合会粤港澳大湾区工作机构主任

乔恒利　　深圳市建筑工务署署长

杜灿生　　天安数码城集团总裁

陶一桃　　深圳大学一带一路国际合作发展（深圳）研究院院长

曲　建　　中国（深圳）综合开发研究院副院长

胡　芳　　华为技术有限公司中国区智慧城市业务总裁

邹　超　　中国建筑第四工程局有限公司副总经理

张　嘉　　中国建筑第四工程局有限公司海外部副总经理

张运平　　华润置地润地康养（深圳）产业发展有限公司常务副总经理

熊勇军　　中铁十局集团城市轨道交通工程有限公司总经理

孔　鹏　　清华大学建筑学院可持续住区研究中心（CSC）联合主任

熊　榆　　英国萨里大学商学院讲席教授

林　熹　　哈尔滨工业大学材料基因与大数据研究院副院长

张　玲　　哈尔滨工程大学出版社社长兼深圳海洋研究院筹建办主任

吕　珍　　粤阳投资控股（深圳）有限责任公司董事长

晏绪飞　　深圳龙源精造建设集团有限公司董事长

黄泽伟　　深圳市英唐智能控制股份有限公司副董事长

李　榕　　深圳市质量协会执行会长

赵京良　　深圳市联合人工智能产业控股有限公司董事长

赵文戈　　深圳文华清水建筑工程有限公司董事长

余承富　　深圳市大拿科技有限公司董事长

冯丽萍　　日本益田市网络智慧城市创造协会顾问

杨　名　　浩鲸云计算科技股份有限公司首席运营官

李恒芳　　瑞图生态股份公司董事长、中国建筑砌块协会副理事长

朱小萍　　深圳市衡佳投资集团有限公司董事长

李新传　　深圳市综合交通设计研究院有限公司董事长

刘智君　　深圳市誉佳创业投资有限公司董事长

何伟强　　上海派溯智能科技有限公司董事长兼总经理

黄凌峰　　深圳市东维丰电子科技股份有限公司董事长

杜光东　　深圳市盛路物联通讯技术有限公司董事长

何唯平　　深圳海川实业股份有限公司董事长

策 划 单 位：中国生产力促进中心协会智慧城市卫星产业工作委员会

卫通智慧（北京）城市工程技术研究院

总 策 划 人：刘玉兰　中国生产力促进中心协会理事长

申长江　中国生产力促进中心协会常务副理事长、秘书长

隆　晨　中国生产力促进中心协会副理事长

丛 书 主 编：吴红辉　中国生产力促进中心协会智慧城市卫星产业工作委员会主任

卫通智慧（北京）城市工程技术研究院院长

编 委 会 主 任：滕宝红

编委会副主任：郝培文　任伟新　张　徐　金典琦　万　众　苏秉华

王继业　萧　睿　张燕林　廖光煊　张云逢　张晋中

薛宏建　廖正钢　吴鉴南　吴玉林　李东荣　刘　军

季永新　孙建生　朱　霞　王剑华　蔡文海　王东军

林　梁　陈　希　潘　鑫　冯太川　赵普平　徐程程

李　明　叶　龙　高云龙　赵　普　李　坤　何子豪

吴兆兵　张　健　梅家宇　程　平　王文利　刘海雄

徐煌成　张　革　花　香　江　勇　易建军　戴继涛

董　超　匡仲潇　危正龙　杜嘉诚　卢世煜　高　峰

张　峰　于　千　张连强　赵姝帆　滕悦然

中国生产力促进中心协会策划、组织编写了《智慧城市实践系列丛书》（以下简称《丛书》），该《丛书》入选了"十三五"国家重点出版物出版规划项目，这是一件很有价值和意义的好事。

智慧城市的建设和发展是我国的国家战略。国家"十三五"规划指出："要发展一批中心城市，强化区域服务功能，支持绿色城市、智慧城市、森林城市建设和城际基础设施互联互通。"中共中央、国务院印发的《国家新型城镇化规划（2014—2020年）》以及国家发展和改革委员会、工业和信息化部、科技部等八部委印发的《关于促进智慧城市健康发展的指导意见》均体现出中国政府对智慧城市建设和发展在政策层面的支持。

《丛书》聚合了国内外大量的智慧城市建设与智慧产业案例，由中国生产力促进中心协会等机构组织国内外近300位来自高校、研究机构、企业的专家共同编撰。《丛书》注重智慧城市与智慧产业的顶层设计研究，注重实践案例的剖析和应用分析，注重国内外智慧城市建设与智慧产业发展成果的比较和应用参考。《丛书》还注重介绍相关领域新的管理经验并编制了前沿性的分类评价体系，这是一次大胆的尝试和有益的探索。《丛书》是一套全面、系统地诠释智慧城市建设与智慧产业发展的图书。我期望这套《丛书》的出版可以对推进中国智慧城市建设和智慧产业发展、促进智慧城市领域的国际交流、切实推进行业研究以及指导实践起到积极的作用。

中国生产力促进中心协会以《丛书》的编撰为基础，专门搭建了"智慧城市研究院"平台，将智慧城市建设与智慧产业发展的专家资源聚集在平台上，持续推动对智慧城市建设与智慧产业发展的研究，为社会不断贡献成果，这是一件十分值得鼓励的好事。我期望中国生产力促进中心协会通过持续不断的努力，将该平台建设成为在中国具有广泛影响力的智慧城市研究和实践的智库平台。

"城市让生活更美好，智慧让城市更幸福"，期望《丛书》的编著者"不忘初

心，以人为本"，坚守严谨、求实、高效和前瞻的原则，在智慧城市的规划建设实践中，不断总结经验，坚持真理，修正错误，进一步完善《丛书》的内容，努力扩大其影响力，为中国智慧城市建设及智慧产业的发展贡献力量，也为"中国梦"增添一抹亮丽的色彩。

中国科学院院士　　　徐冠华
科技部原部长

中国正成为世界经济中的技术和生态方面的领导者。中国的领导人以极其睿智的目光和思想布局着全球发展战略。《智慧城市实践系列丛书》（以下简称《丛书》）以国家"十三五"规划的重点研究成果的方式出版，这项工程填补了世界范围内的智慧城市研究的空白，也是探索和指导智慧城市与产业实践的一个先导行动。本《丛书》的出版体现了编著者、中国生产力促进中心协会以及国际智慧城市研究院的智慧。

中国为了保持在国际市场的蓬勃发展和竞争能力，必须加快步伐跟上这场席卷全球的行动。这一行动便是被称作"智慧城市进化"的行动。中国政府和技术研发与实践者已经开始了有关城市的变革，不然就有落后于其他国家的风险。

发展中国智慧城市的目的是促进经济发展，改善环境质量和民众的生活质量。建设智慧城市的目标只有通过建立适当的基础设施才能实现。基础设施的建设可基于"融合和替代"的解决方案。

中国成为智慧国家的一个重要因素是加大国有与私有企业之间的合作。其都须有共同的目标，以减少碳排放。一旦合作成功，民众的生活质量和幸福程度将得到很大的提升。

我对该《丛书》的编著者极为赞赏，他们包括国际智慧城市研究院院长吴红辉先生及其团队、中国生产力促进中心协会的隆晨先生。通过该《丛书》的发行，所有的城市都将拥有一套协同工作的基础，从而实现更低的碳排放、更低的基础设施总成本以及更低的能源消耗，拥有更清洁的环境。更重要的是，《丛书》还将成为智慧产业及技术发展可参考的理论依据以及从业者可以借鉴的范本。

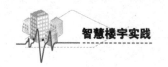

未来，中国将跨越经济、环境和社会的界限，成为一个智慧国家。

上述努力会让中国以一种更完善的方式发展，最终的结果是国家不断繁荣，中国民众的生活水平不断提升。中国将是世界上所有想要更美好生活的国家所参照的"灯塔"。

迈克尔·侯德曼

IEEE/ISO/IEC－21451－工作组成员

UPnP+－IoT, 云和数据模型特别工作组成员

SRII－全球领导力董事会成员

IPC－2-17－数据连接工厂委员会成员

CYTIOT 公司创始人兼首席执行官

随着全球化的发展，新一代人工智能、5G、区块链、大数据、云计算、物联网等技术正改变着我们的工作及生活方式，大量的智能终端已应用于人类社会的各个场景。虽然"智慧城市"的概念提出已有很多年，但作为城市发展的未来形式，"智慧城市"面临的问题仍然不少，最重要的是，我们如何将这种新技术与人类社会实际场景有效地结合起来。

从传统理解上看，人们认为利用数字化技术解决公共问题是政府机构或者公共部门的责任，但实际情况并不尽然。虽然政府机构及公共部门是近七成智慧化应用的真正拥有者，但这些应用近六成的原始投资来源于企业或私营部门，可见，地方政府完全不需要自己主导提供每一种应用和服务。目前，许多城市采用了构建系统生态的方法，通过政府引导以及企业或私营部门合作投资的方式，共同开发智慧化应用创新解决方案。

打造智慧城市最重要的动力来自政府管理者的强大意愿，政府和公共部门可以思考在哪些领域适当地留出空间，为企业或其他私营部门提供创新的余地。合作方越多，应用的使用范围就越广，数据的使用也会更有创意，从而带来更高的效益。

与此同时，智慧解决方案也正悄然地改变着城市基础设施运行的经济模式，促使管理部门对包括政务、民生、环境、公共安全、城市交通、废弃物管理等在内的城市基本服务提供方式进行重新思考。对企业而言，打造智慧城市无疑为其创造了新的机遇。因此，很多城市的多个行业已经逐步开始实施智慧化的解决方案，变革现有的产品和服务方式。比如，药店连锁企业开始变身成为远程医药提供商，而房地产开发商开始将自动化系统、传感器、出行方案等整合到其物业管理系统中，形成智慧社区。

未来的城市

智慧城市将基础设施和新技术结合在一起，以改善人们的生活质量，并加强人

们与城市环境的互动。但是，如何整合与有效利用公共交通、空气质量和能源生产等数据以使城市更高效有序地运行呢？

5G 时代的到来，高带宽与物联网（IoT）的融合，都将为城市运行提供更好的解决方案。作为智慧技术之一，物联网使各种对象和实体能够通过互联网相互通信。通过创建能够进行智能交互的对象网络，各行业开启了广泛的技术创新，这有助于改善政务、民生、环境、公共安全、城市交通、能源、废弃物管理等方面的情况。

通过提供更多能够跨平台通信的技术，物联网可以生成更多数据，有助于改善日常生活的各个方面。

效率和灵活性

通过建设公共基础设施，智慧城市助力城市高效运行。巴塞罗那通过在整座城市实施的光纤网络中采用智能技术，提供支持物联网的免费高速 Wi-Fi。通过整合智慧水务、照明和停车管理，巴塞罗那节省了 7500 万欧元的城市资金，并在智慧技术领域创造了 47000 个新的工作岗位。

荷兰已在阿姆斯特丹测试了基于物联网的基础设施的使用情况，其基础设施根据实时数据监测和调整交通流量、能源使用和公共安全情况。与此同时，在美国，波士顿和巴尔的摩等主要城市已经部署了智能垃圾桶，这些垃圾桶可以提示可填充的程度，并为卫生工作者确定最有效的路线。

物联网为愿意实施智慧技术的城市带来了机遇，大大提高了城市的运营效率。此外，各高校也在最大限度地发挥综合智能技术的影响力。大学本质上是一座"微型城市"，通常拥有自己的交通系统、小企业以及学生，这使其成为完美的试验场。智慧教育将极大地提高学校老师与学生的互动能力、学校的管理者与教师的互动效率，并增强学生与校园基础设施互动的友好性。在校园里，您的手机或智能手表可以提醒您课程的情况以及如何到达教室，为您提供关于从图书馆借来的书籍截止日期的最新信息，并告知您将要逾期。虽然与全球各个城市实践相比，这些似乎只是些小改进，但它们可以帮助需要智慧化建设的城市形成未来发展的蓝图。

未来的发展

随着智慧技术的不断发展和城市中心的扩展，两者的联系将更加紧密。例如，美国、日本、英国都计划将智慧技术整合到未来的城市开发中，并使用大数据技术来完善、升级国家的基础设施。

　　非常欣喜地看到，来自中国的智慧城市研究团队在吴红辉院长的带领下正不断努力，总结各行业的智慧化应用，为未来智慧城市的发展提供经验。非常感谢他们卓有成效的努力，希望智慧城市的发展，为我们带来更低碳、安全、便利、友好的生活模式！

中村修二　2014年诺贝尔物理学奖得主

20 世纪 30 年代，美国帝国大厦的建造，标志着楼宇正在成为人类社会发展水平的重要坐标之一。中国改革开放以来，北京、上海、深圳等城市都陆续建造了各自城市的标志性建筑，如北京的中央电视台总部大楼，上海的东方明珠广播电视塔，深圳的地王大厦、平安国际金融中心。这些标志性楼宇从设计、建造到后期运营、管理等环节，越来越具备"智慧"功能。

随着互联网技术的突飞猛进，楼宇建造技术正在不断地革新与发展，楼宇管理技术也正在悄然地转型与升级。无论是商用办公楼、工厂、车间，还是住宅楼、公共场所，不同类型的楼宇都正在给人们提供更加安全、舒适、节能、高效、可持续的工作、生活及娱乐环境。时至今日，中国的智慧楼宇行业及相关产业链上的企业正在蓬勃发展，对改善人们的生活环境做出了越来越大的贡献。

近年来，以物联网、大数据、人工智能（AI）、云计算等技术为代表的新技术革命更是席卷全球。国内各大城市也掀起了把物联网技术应用到城市规划、建筑、楼宇、医疗、农业、教育等行业的热潮。因此，我们认为智慧楼宇是依据物联网、云计算、5G 等新技术，在智能建筑的基础上，以更加开放的姿态融入智慧城市网络，满足用户的个性化、环境的生态化和能源的高效化，甚至自给化的现代楼宇。

基于此，我们从理论上、政策上、专业上及实用性、实操性几个方面着手编写了《智慧楼宇实践》一书。

本书在编写的过程中，得到了智慧楼宇建设的负责人、智慧楼宇方案提供商、相关从业人员等一线工作人员的帮助和支持，在此对他们表示感谢！同时，由于编者水平有限，错误疏漏之处在所难免，敬请读者批评指正。

第一篇　理论篇

第二篇 路径篇

第一篇

理 论 篇

第1章　智慧楼宇概述

第2章　智慧楼宇在世界各地的
　　　　发展情况

第3章　智慧楼宇的支撑技术

第1章

智慧楼宇概述

　　智慧楼宇是以物联网、大数据、云计算等前沿技术为基础，对智能建筑的有关特性和系统进行再升级，更加主动、开放地融入智慧城市系统，以满足节能、生态、环境以及人类的个性化需求的楼宇。智慧楼宇具备人性化、生态化、智慧化、良好的互动功能等特点。

　　随着互联网技术的突飞猛进，楼宇建造技术正在不断革新与发展，楼宇管理技术也在悄然转型与升级。不同类型的楼宇都正在给人们提供更加安全，舒适，节能，高效，可持续工作、生活及娱乐的环境。

1.1　智慧楼宇的起源

1984 年年初，美国联合科技集团在康涅狄格州把一座金融大楼改建成全球第一座智慧楼宇，这座大楼在供水、供配电、消防、安防、空调等方面实现了自动化的综合管理。

此后，"智能建筑"一词便成为美国各类广告媒体经常使用的关键词，时常出现在媒体的核心版面，并且很快传播到世界各地。自此，楼宇智能化建设走上了高速发展的轨道。

随着越来越多的人关注这一领域，许多国家和地区的政府机构开始制订发展智能建筑的规划，促进了大批相关产业的快速发展。

1.2　从智能建筑到智慧楼宇

近年来，以物联网、大数据、人工智能（Artificial Intelligence，AI）、云计算等技术为代表的新技术革命席卷全球。我国也掀起了把物联网技术应用到城市规划、建筑、楼宇、医疗、农业、教育等行业的热潮。因此，我们认为智慧楼宇是依据物联网、云计算、5G 等新技术，在智能建筑的基础上，以更加开放的姿态融入智慧城市网络，满足用户的个性化、环境的生态化和能源的高效化需求，走向自给化的现代楼宇。

楼宇作为建筑工程与艺术、自动化技术、现代通信技术和计算机网络技术相结合的复杂系统工程学科——"智能建筑"的定义在不断地发展、补充和完善。

1.2.1 智能建筑的定义

（1）美国智能建筑研究中心

美国智能建筑研究中心是专门研究智能建筑的机构。该机构的工作人员提出：智能建筑乃是通过优化其结构、系统、服务、管理4个基本要素及其相互关系来提供一个多产的和成本低廉的环境。同时，该机构的工作人员又指出，没有固定的特征来表述智能建筑，事实上，所有的智能建筑共有的唯一特性就是其结构设计可以适于便利和低成本的变化。

（2）欧洲智能建筑集团

欧洲智能建筑集团认为，智能建筑是一种可以使住户拥有最大效率环境的建筑，同时智能建筑的资源可以被有效地管理。

（3）国际智能建设技术学会

国际智能建设技术学会认为，智能建筑应该具备安全性、舒适性，并且具备各种系统，可有效节能且拥有很强的使用性，以此满足用户的需求。

（4）日本电机工业会

日本电机工业会对智能建筑的定义如下：

① 作为收发信息和辅助管理效率的轨迹；

② 确保在建筑里工作的人们满意和使用便利；

③ 建筑管理合理化，以低廉的成本为住户提供更周到的管理服务；

④ 针对变化的社会环境、复杂多样化的办公场景，使用主动的经营策略，做出快速、灵活、经济的响应。

（5）我国学术界对智能建筑的认识

1997年6月，清华大学教授张瑞武在"首届智能建筑研讨会"上提出：智能建筑是人们利用系统集成的方法，将智能计算机技术、通信技术、控制技术、多媒体技术和现代建筑艺术有机地结合，通过对设备的自动监控，对信息资源的管理，对使用者的信息服务及建筑环境的优化组合，使之成为具有安全、高效、舒适、便利和灵活特点的现代化建筑物。

住房和城乡建设部发布了 GB/T 50314-2006《智能建筑设计标准》，在标准

中对智能建筑做出了如下定义：智能建筑是以建筑为平台，兼具建筑设备、办公自动化及通信网络系统，集结构、系统、服务、管理及它们之间的最优化组合，向人们提供安全、高效、舒适、便利的建筑环境。

以上是业界关于智能建筑的定义，我们认为传统的智能楼宇是以建筑物为平台的，采用控制、通信、计算机和多媒体技术，集系统、结构、服务、管理及它们之间的最优化组合，实现楼宇自动化（Building Automation，BA）、通信自动化（Communication Automation，CA）、办公自动化（Office Automation，OA）、安防自动化（Security Automation，SA）、消防自动化（Fire Automation，FA），即5A，以期给人们提供一个安全、高效、舒适、便利的楼宇环境。

1.2.2　智慧楼宇的概念

智慧楼宇是在传统的智能楼宇概念基础上往前发展的一步。

智慧楼宇在智能楼宇的基础上更加强调环境的友好、资源的高效利用和能源的效率，这些构成了"绿色楼宇"的基本内容，即在智能楼宇"5A"的基础上又增加了一个能源自动化（Energy Automation，EA），构成了"6A"。

1.2.2.1　智慧楼宇的特性

（1）创建更宜人的环境

智慧楼宇从安全性、便捷性及舒适性3个方面层层递进地满足人们的需求。

首先，智慧楼宇的火警消防系统与安全防范系统能在第一时间保护人、财、物的高度安全以及具有对灾害和突发事件的快速反应能力。

其次，智慧楼宇管理系统中的通信及办公自动化模块也可快速地通过电话、网络等系统，为人们提供一个高效、快捷的工作、学习及生活环境。与此同时，高度智慧的建筑设备控制与能源自动化系统，能通过调节环境中的温度、湿度、光照等，最大程度地提高人们的舒适性。

最终，智慧楼宇智慧地识别人们的需求，创建出最宜人的环境。

（2）绿色节能

智慧楼宇与智能楼宇的最主要区别是增加了一个能源自动化系统，目的是使智能楼宇变成"绿色楼宇",即智慧楼宇。

由此可见,智慧楼宇的一大特性就是绿色节能。

传统的智能楼宇是按照固定的参数来对设备进行匹配控制,而智慧楼宇会依靠更多的输入方式获取动态的数据,从而动态地控制设备,以达到绿色节能的效果。

例如,传统的智能楼宇只能按照既定的温度设定空调温度,而智慧楼宇会分析室内外温度、室内人员活动情况,以及上下班时间等多种参数,并将其综合后再设定空调温度。

（3）楼宇管理的成本最小化

根据美国绿色建筑协会统计,一座大厦的生命周期为60年,启用后60年内的人力维护及营运费用约为建造成本的3倍。

在日本,大厦的管理费、水电费、煤气费、机械设备及升降梯的人工维护费,占整个大厦营运费用支出的60%左右,且其费用还将以每年4%的速度增加。依靠高度集中的智慧楼宇管理系统,楼宇管理不仅能降低机电设备的管理维护成本,还能简化维护程序,使人员配备更加合理,从而进一步降低人工成本。

（4）智慧楼宇具有高度的集成性

智慧楼宇相较于传统建筑在技术方面最大的区别就是将建筑中分散的设备和系统,通过计算机网络高度集成为一套统一协调的系统,从而使传统的智能物业更加安全、舒适、便利及节能,成为真正意义的智慧楼宇,以此达到各类资源信息以及智慧任务的重组与共享。

1.2.2.2 智慧楼宇物业管理特性分析

我们要做好智慧楼宇的物业管理,必须使楼宇具备以下特性。

（1）管理的高度适应性及灵活性

目前,智慧楼宇的发展已然成为了我国建筑经济市场中新的增长点,物业管理行业也看到此契机。物业管理要能迅速跟上智慧楼宇发展的步伐,就必然要求物业管理具有高度的灵活性和适应性。

（2）智慧楼宇物业管理目标——强调管理的能耗降低

据统计,在楼宇所有浪费的能量中,约有75%的能量用于设备运行时自身无

用功的消耗，这是物业管理行业当前无法解决的问题。

其中，10% 左右的能量是由于物业的管理与监控的疏忽而浪费掉的，15% 是因为物业的控制不力和设备运行失误所导致的，25% 的能源消耗是可以使用智慧物业管理系统而节省下来的。

智慧楼宇会根据室内、室外温度综合调节办公场所的空调温度和出风量，既让室内人员感觉舒适，又营造出一段从室外到室内温度的过渡区。

另外，系统还会在非工作时间自动检测区域内人员的活动情况，智能判断是否关闭电器，从而实现节能减排的绿色理念。

（3）智慧楼宇物业管理的核心——强调维护的预判性

物业管理的设备具有使用年限的要求，智能化楼宇中会使用到大量的设施和设备，设备在长时间的运行中会出现损坏，在传统的智能楼宇管理中，管理人员一般只维修和更换出现故障的设备设施。

但是根据我们多年的经验发现，一旦一台设备出现问题，那将会带来一系列的连锁反应。故障设备会输出一大段的错误数据及参数，而根据这些数据与参数运行的设备将会误操作其他系列的设备。所以，我们必须为设施设备制订相应的运行、检修及更换计划，以便在设备损坏前发现故障并采取正确的措施。

鉴于此，智慧楼宇的物业管理系统必须对智慧楼宇设备的运行参数、输出参数以及其他状态进行实时监控，这对于高速发展的智慧楼宇物业显得尤其重要，是智慧楼宇物业管理的核心部分。

1.3　智慧楼宇的主要内容

在政府的引导下，我国各地研究机构与企业对智慧楼宇的研究越来越深入，取得了一些研究成果，也进行了一些实践，并且达成了一些基本的行业共识。

1.3.1 中国高新技术产业经济研究院的研究成果

中国高新技术产业经济研究院的智慧建筑整体解决方案根据系统工程的原理，为适应不同用户的需求，将现代计算机技术、现代通信技术、现代自动控制技术和现代多媒体图像显示技术等现代信息技术，充分与建筑工艺有机结合。中国高新技术产业经济研究院设计了一整套包括智能化集成系统（Intelligent Integration System，IIS）、信息设施系统（Information Technology System Infrastructure，ITSI）、信息化应用系统（Information Technology Application System，ITAS）、建筑设备管理系统（Building Management System，BMS）、公共安全系统（Public Security System，PSS）和电子化机房工程（Engineering of Electronic Equipment Plant，EEEP）等子系统在内的建筑智能化系统。

智慧楼宇系统的集成示意如图1-1所示。

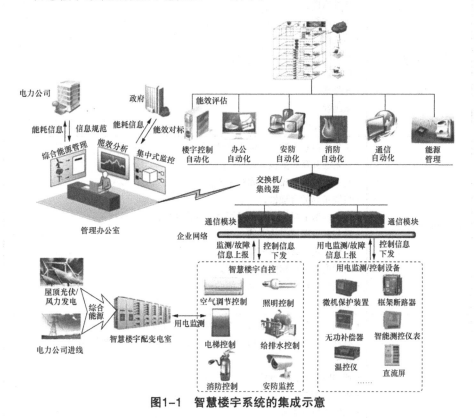

图1-1 智慧楼宇系统的集成示意

资料来源：中国高新技术产业经济研究院。

1.3.2　智慧楼宇的智能评价系统

欧洲的智能建筑研究组织（The International Biodeterioration Research Group，IBRG）专门对智慧楼宇及智慧建筑的智能评价系统进行了研究，并提出了一个计算公式。这个公式被我国众多学者与业内人士认同。

IBRG 的经验表明，评价 IB 需要用系统论的观点来列出各个智能评价因子，测量 IB 对这些因子的反应，并找到一个适用的、能具体计算出评价智能程度的方法。智慧楼宇的智能评价因子见表1-1。

表1-1　智慧楼宇的智能评价因子

评价因子	评价指标
单一用户需求	• 空气质量； • 热舒适性； • 噪声控制； • 愉悦性； • 私密性； • 健康性； • 光舒适性； • 激励性； • 空间舒适性
机构需求	• 工作人员总人数变动的承受性； • 设备的互联和更换方便性； • 对工作人员的吸引力和凝聚力； • 线缆布局的合理性； • 机构内部上层、中层及基层之间的沟通性； • 添加和重布置机构设施； • 工作人员位置的再配置性； • 对所有设备要求的满足程度； • 非正式信息交流的最大方便性； • 硬件运行的防护性
机构需求	• 有利于充分发挥想象力的人际因素（如对雇员的友好态度）； • 有利于提高生产率（精神面貌、健康、设备维护、工作设施等）； • 保密性； • 通信的充分性、方便性； • 内部保密性； • 电源供应的保障

（续表）

评价因子	评价指标
当地环境需求	• 气流的影响； • 建筑阴影的影响； • 噪声的影响； • 地区规划以及交通情况； • 日光的影响； • 现存建筑的再利用
全球环境需求	• 减缓温室效应：低能耗的设计、对空调要求的最小化、清洁能源的使用、控制的优化； • 防止氯氟烃的扩散：不使用氯氟烃的空调设备、在制冷循环过程中不使用氯氟烃、禁用含有氯氟烃的材料； • 可持续进行材料资源的开发使用； • 控制建筑的总能耗； • 气候因素

1.4 智慧楼宇系统的五大功能

智慧楼宇系统是一个多功能的综合系统，能为人们创造安全、舒适的工作与生活环境。智慧楼宇系统具有创造智能环境、促进节约能源、加强安全防范、提供信息服务、实现智能管理5项功能。

（1）创造智能环境

智慧楼宇经过多年的发展，现已进入"绿色智能"阶段，即通过应用智能化技术，利用空气系统、用水系统、声光系统等，创造一个符合生态、环保、健康型的居住环境，达到亲和自然、满足可持续发展的要求。

智慧楼宇系统在创造智能环境上具有如图1-2所示的功能。

（2）促进节约能源

节约能源，即以最小的能量消耗代价，取得最大的经济效益，这不仅是楼宇智能化追求的目标，同时也是智能化最重要、最显著的功能。楼宇中所消耗的能

1 　智能化的空调系统能检测出空气中有害污染物的含量并自动进行消毒，从而创造安全、健康的环境

2 　自动调节温度、湿度、亮度及空气中的含氧量，使室内人员具有良好的生理和心理感受

3 　对用水系统进行智能化调控，其中包括供水系统、中水回用系统、直饮水系统以及污水处理系统；同时，还能专项调控消防水

4 　自动调节室内灯光、窗帘采光，以满足工作、会议、家居、睡眠等需要

图1-2　智慧楼宇系统在创造智能环境上的功能

源包括采暖、空调、热水、炊事、家用电器等。在发达国家，这约占全国总能耗的50%；在我国，随着经济的不断发展以及城镇化进程在不断加快，人们对室内环境及舒适度的要求也在不断提高，据不完全统计，楼宇耗能已占全国能耗的30%，并正以每年1.5%～2%的速度增长。因此，节约能源是我国一项非常重要的任务。

智慧楼宇系统在促进节约能源上具有如图1-3所示的功能。

1 　采取智能化的控制手段，充分利用可再生能源，如太阳能、风能、地热能等，为楼宇提供绿色能源

2 　实时监控空调、电梯、照明系统的状况，由计算机智能地管理楼宇的能源使用情况

3 　使用楼宇设备监控系统调控室内的温度，避免因夏季室温过冷或冬季室温过热而造成能源浪费。据统计，夏季设定温度下调1℃，会增加9%的能耗；冬季设定温度上调1℃，会增加12%的能耗

4 　合理划分送风系统，系统用计算机调控并输入新风量。新风量应保证室内二氧化碳浓度低于正常值，同时有回风的空调系统可将新风量减少到33%

5 　应用楼宇设备监控系统合理启停、开关空调和照明系统；以变频调速控制电动机并采用高效率机组，采用节能灯具；在楼宇空调设备预冷和预热时，计算机通过指令关闭室外新风阀，以减少新风的能耗；采取调控手段回收热力和排气热量

图1-3　智慧楼宇在促进节约能源上具有的功能

（3）加强安全防范

智慧楼宇系统为了加强大厦、小区的安全防范，应专门设置由电子计算机控制和管理的火灾防范、电视监控、防盗报警等系统，以完成多层次、全天候的防灾、防盗、防非法入侵任务其安全防范的主要功能如图1-4所示。

1 当火灾处于萌芽时，能通过感烟、感温探测器，及时向主机报警；在除燃时，系统应能有效地启动联动系统，通过灭火装置，以控制火势蔓延，并向消防部门报警

2 电视监控中心的主机能够通过安装在门卫、大厅、主要通道、电梯轿厢等处的摄像机，获得监控区域实时的图像信息，进行监控并录像，并保存各监控点的图像信息，供必要时回放

3 防盗报警系统采用物理方法和电子技术，自动探知在布防检测区域内的非法入侵行为，传送给报警控制器，及时发出报警信息，并与电视监控联动，后期可打开摄像机录像以获取证据

图1-4 智能楼宇安全防范的功能

（4）提供信息服务

智慧楼宇具有现代化的通信手段和舒适的办公环境，具有如图1-5所示的信息服务功能。

1 提供社会公共电话服务网的接入，实现对移动通信、手机话务的全面覆盖，使用户在楼宇或小区的任何地方都能保持通信畅通

2 如果选用高速的数字交换机和TCP/IP，在楼宇或小区的网络平台上，每位住户可独享高速流量，以满足住户对带宽的需求

3 具有连接Internet的功能，住户的家用电脑可以通过社区网络平台直接获取互联网上的新闻、交通、股票等各类信息，同时可以收发电子邮件

4 能够完成传输音像等多媒体任务，其中包括电视会议、远程学习、在家办公等双向高速数据传输通信任务

图1-5 智慧楼宇信息服务的功能

（5）实现智能管理

智慧楼宇在物业管理上能完成如图1-6所示的任务。

计量管理	☞	完成水、电、气、热自动计量与收费业务
收费管理	☞	采用一卡通、电子货币，通过POS系统收费
安防管理	☞	及时处理火灾防范、突发事件、防盗报警、紧急求救等事宜
车库管理	☞	包括停车场出入口管理、停车收费管理、车辆防盗管理等
设备运行管理	☞	实时显示各机电设备的运行状态，实现异常报警、系统联动
保修管理	☞	及时录入报修项目，排列报修梯次，督促修缮实施，登记维修收费与日后保修事宜
考勤管理	☞	包括对本单位人员的考勤及工资管理
财务管理	☞	完成财务记账、登记、核算、报表、决算等业务
文档、资料管理	☞	录入物业管理文档、数据、日常管理文件，登记住户各项资料，以备查询
系统管理	☞	包括计算机管理系统的初始化、信息数据安全与防病毒、服务器维护、数据库维护、数据备份等管理事宜

图1-6 智慧楼宇智能管理的任务

第2章

智慧楼宇在世界各地的发展情况

从 1984 年 1 月在美国出现第一座智能大厦算起，智慧楼宇的概念已经产生并发展超过 36 年。从美国到中国，从欧洲到非洲，全世界都在大力发展智慧楼宇，甚至将其视为国家经济发达程度的一个重要标志。智慧楼宇的产生与发展是有着其深刻、必然的经济、社会和技术背景的，是人类经济、文明发展到一定阶段的必然产物。

2.1　智慧楼宇在国外的发展情况

2.1.1　美国

20 世纪 90 年代以来，在美国新建或改建的商业办公楼宇中，约有 70% 的楼宇可被称为智慧楼宇。前期建造的楼宇的智慧程度可能远低于当今的标准，但在当时看来，则是全球领先的智慧楼宇。在这些智慧楼宇中，设计师应用了互联网、控制网络、智能卡、可视化、家庭智能、无线局域网、数字卫星通信等技术。

2.1.2　日本

1986 年，日本建造了本国的第一座智慧楼宇——本田青山大厦。实际上，日本的智慧楼宇多半是大型公司建造的办公大楼。在施工过程中，相关人员对设备自动化和通信网络等进行了优化，甚至将内部办公系统、基础通信等网络进行了升级和换代。在这些尝试的基础上，建造者提出了后来被业界广为接受的"3A"（BA、CA 和 OA）体系。

2.1.3　英国

"完整"组织是英国的一家非营利性组织，主要职能是使建筑物实现智能化。1988 年，该组织在自己的研发中心建造了一座智慧别墅。该别墅具有环保、节能、智能控制和低成本等特点。在环保方面，这座别墅的建筑材料运用了再生材料；在节能方面，这座别墅内置了一个废水处理系统，可以将用过的水回收到一个地下水箱中，经生物处理后，再用于冲洗马桶或用于其他方面。值得一提的是，这座智慧别墅还配备了一套可以自动改变控制模式的安防系统，主人可以实时掌握房间里的情况。

2.1.4 德国

在德国，智慧楼宇作为智慧城市的重要子系统之一，以智慧城市和生态城市理论框架为指导思想而建设。"智慧"是指基于互联网技术，强调整合楼宇的综合解决方案；"生态"是指利用可再生的能源，提高资源的再利用率并节能减排。与此同时，德国政府也非常重视公共信息基础设施的建设。智慧城市建设不仅改变了人们的生活习惯、生活方式和生活理念，也推动了相关企业和产业的快速发展。在政策层面，德国政府发布了"工业4.0"战略和《数字化战略2025》，引领德国进入了新一轮的智慧时代。

2.2 中国智慧楼宇发展的必要性

1986年，"智能化办公大楼可行性研究"成为我国"七五"国家重点科学技术项目，该项目历经5年多的研发和实施，在1991年通过验收。当时，部分涉外酒店、高档公共建筑物和特殊的工业建筑被当作智慧楼宇的尝试对象。1989年，北京发展大厦落成，该大厦是我国第一幢智慧楼宇，集合了楼宇设备自控系统、办公自动化系统、通信自动化系统这3项子系统。

1991年，广东国际大厦落成，该大厦被称为"首座智能化商务大楼"，具备相对完善的"3A"系统。

2.2.1 发展智慧楼宇的背景

智慧楼宇是顺应社会发展与技术变革的产物，它之所以能够快速发展，背后的原因主要包括表2-1中的4点内容。

表2-1 发展智慧楼宇的背景

序号	背景	说明
1	技术背景	计算机技术、通信技术、控制技术的发展为智慧楼宇的建设提供了技术保障。自动化仪表技术、网络技术的发展使自动控制技术从过去分散的控制系统发展成为集中管理的集散型系统
2	经济背景	世界经济由总量增长型向质量效益增长型转变
3	社会背景	信息时代的到来，国际贸易和市场的开放，使得信息技术市场的竞争日趋激烈，给智慧楼宇的技术和设备的选择提供了更多的机会
4	工作和生活的客观需求	随着人们生活水平的提高，人们对生产、生活有了更高的要求，而智慧楼宇的出现迎合了这种需求，为人们提供了更加方便、舒适、高效和节能的生产与生活条件

2.2.2 发展智慧楼宇的益处

对社会、城市以及用户而言，发展智慧楼宇有诸多益处，下面我们具体介绍。

（1）节能

在电器化时代，现代建筑对于现有能源的依赖程度越来越高，单体建筑的能耗越来越高。有报告显示，全球约50%的能源被消耗在建筑的建造和使用过程中，到2025年，建筑能耗将会成为全球第一大耗能领域，能源需求量超过交通和工业的总和。

因此，快速发展智慧建筑，也是全人类可持续发展的大课题之一。智慧建筑从设计、建造，到使用与维护等环节，都要最大化地应用节能技术与储能技术。

（2）提高管理效率

智慧楼宇系统中普遍应用大数据技术。随着科技的发展，多技术应用显著地提升了商业楼宇、住宅或公用楼宇的管理效率。同时，人工智能技术也有效地节省了楼宇管理的人工成本，降低了管理费用。

（3）提高安全性

智慧安防系统和识别系统在楼宇里的应用使楼宇更加安全，用户也就更加放心地在楼宇里工作或生活。

（4）便利性

以门禁系统为例，传统的门禁系统由入口的门铃和住户家中的应答机组成，通过对答来完成开门动作。某网络公司开发了一套系统，该系统具有开门、物业、生活服务等功能，给住户带来了极大的便利。

（5）对生态友好

智慧楼宇将自然、人和建筑纳入一个系统，在对建筑物进行智能管理的同时，也将人的生活纳入智慧系统中。除了节约资源之外，智慧楼宇还可为人们提供健康、舒适、高效、与自然生态和谐相处的空间环境。

2.2.3 发展智慧楼宇的必要性

智慧楼宇是工业化和数据化等领域前沿技术的跨界应用与融合后的产物，它将已有技术、生产力、生产要素重新组合，并进行优化，以便在更少投入的基础上获得更低成本、更好效益的结果。

（1）智慧楼宇对地区科技创新、经济增长有积极作用

智慧楼宇的建设可以激发科技创新，转变经济增长方式，推动地区产业转型升级和经济结构的调整，转变政府的行为方式，也有利于提升城市管理水平，提高城市综合竞争力，使城市的运行更加安全、高效、便捷、绿色、和谐。

智慧楼宇能够为用户提供便捷、高效的公共服务。智慧楼宇从科技角度关注住户的体验，通过云计算、物联网、大数据、人工智能等技术，完善建筑物的功能，为住户提供个性化、动态化、多样化的综合信息应用服务。

（2）智慧楼宇能够提升智能化公共服务能力

在区域经济发展过程中，作为区域经济发展的主体，楼宇的建设与管理面临着越来越多的挑战，如能源紧张、环境污染、产业升级、应急管理等问题。针对以上问题，智慧楼宇从规划与设计着手，充分利用先进、可靠、适用的信息技术和创新的管理理念，在设施维护、建设工程管理等诸多方面，通过跨部门数据整合和业务协同，逐步实现管理环节的无缝衔接，从而提高管理水平和公共服务能力。同时，智慧楼宇的建设提升了城市建设管理的精细化和智能化水平，使人口精准管理、交通智能监管、资源科学调配、安全切实保障的城市运行管理体系得以建成。

（3）智慧楼宇可以提升政府的服务能力

借助智慧楼宇规划与建设的契机，政府可以快速、有效地获取更加具体、细致的大数据库，更加高效地了解基层情况，再通过电子政务系统，逐步推进政府服务的智慧化。

（4）智慧楼宇能够促进高端智慧产业的发展

智慧楼宇强调楼宇建设、运营与维护信息的全面感知、智能控制、实时处理和及时决策。智慧楼宇的建设依赖于物联网、感知网、云计算等集感知、获取、传输、处理于一体的信息技术，这反过来会促进高端智慧产业的发展。

综上所述，发展智慧楼宇是智慧城市建设的重要一环，有利于经济发展结构的转型与升级。

2.3 我国智慧楼宇的发展现状

2016 年，智慧城市的建设进入了一个新阶段。我国先后公布了 3 批智慧城市的试点，共计 290 个城市。

下面，我们从政策、技术、应用 3 个方面介绍我国智慧楼宇的发展现状。

2.3.1 政策方面

当前，智慧化城市成为全球城市发展的方向。随着我国物联网、云计算等技术的高速发展和应用，城市的信息化向智慧化转换成为了必然的趋势。而楼宇作为智慧城市的重要组成部分，也在不断地融合新科技，发挥其作用。

2015 年 3 月 8 日，住房和城乡建设部发布了 GB 50314-2015《智能建筑设计标准》。本标准共分 18 章，主要内容包括：总则、术语、工程架构、设计要素、住宅建筑、办公建筑、旅馆建筑、文化建筑、博物馆建筑、观演建筑、会展建筑、教育建筑、金融建筑、交通建筑、医疗建筑、体育建筑、商店建筑、通用工业建筑，规范了我国智慧楼宇的建设标准。

2.3.2 技术方面

目前，越来越多的高新技术，如 6A 类布线、生物识别技术、虚拟现实（Virtual Reality，VR）技术、游戏化场景技术等被应用到智慧楼宇项目中。随着 5G 网络的发展，数据传输的速率会得到极大的提升，时延问题也会得到解决。

智慧楼宇的"智慧"主要体现在系统平台的集成技术方面。管理员可以实时分析该平台上不同模块的运行性能，实时监控它们自动运行的情况以及各类基础硬件设施的工作状态。智慧楼宇的自有网络融汇了设施和运营系统的数据，并通过可视化技术实时显示网络流量数据及能源的使用情况、排放情况和一些其他指标。目前，智慧楼宇正朝着以下 4 个方向发展。

2.3.2.1 移动性

与传统的写字楼不同，智慧型办公场所可以满足人们的移动诉求，且不会影响办公秩序和办公效率。为了支持人员的移动性，办公数据或文件不再存储在服务器或固定的电脑中，而是存储在云端。人们借助高带宽的网络，随时随地可以调取所需的数据。

2.3.2.2 网络安全

网络给智慧楼宇提供了诸多便利和想象空间，但随之而来的是数据安全的压力越来越大。目前，无线网络助推了物联网的广泛应用，但具有嵌入式功能并传输数据的日常设备会存在出现漏洞和被入侵的风险。在智慧楼宇里，一台自动售货机都有可能成为不法分子的入侵端口。

2.3.2.3 低压供电

智慧楼宇中安装了各种智能设备，相应地，这些设备对电力传输与管理的要求也越来越高。有源以太网供电技术能把不同类型的设备连接到一个较低电压的直流电源线路上。有源以太网供电的优势在于它可以降低初装与后期的维护成本。在物联网普及的场景中，有源以太网供电技术已被普遍用于供电与传输数据。借

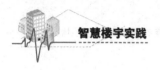

助自动化基础设施管理解决方案，智慧楼宇的管理会越来越便捷。

2.3.2.4　办公场所效率

美国的 LEED、新加坡的 BCAGreenMark、澳大利亚的 Green Star 以及中国的绿色建筑三星认证等都对办公场所效率做出了各自的定义。如商旅人士在入住酒店时，通常会关心酒店的网速情况；对于商业楼宇而言，租户也期望大楼能接入高速的宽带服务。因此，智慧楼宇在设计之初就应该考虑后续升级和可持续性的问题。

2.3.3　应用方面

智慧楼宇主要应用于医疗、商场、办公楼、文化场馆、媒体机构、交通、学校、住宅等用途的建筑。

2.4　我国智慧楼宇的发展趋势

2015 年 3 月，我国提出并制订了"互联网 +"的发展规划，以此推动移动互联网、云计算、大数据、物联网等技术与现代制造业的结合，促进电子商务、工业互联网和互联网金融的健康发展，引导互联网企业拓展国际市场。

在"互联网 +"的浪潮下，智慧楼宇的发展势头迅猛，楼宇自控系统逐渐向高度集成、"主动"能源管理和云服务等方向发展，主要体现在以下几个方面。

2.4.1　信息技术使楼宇自控成为现实

当今，移动互联网正在快速渗透到人们生活的各个方面，并且改变，甚至重置了人们的生活和工作习惯。5G 技术的商业化应用也是智能建筑向智慧楼宇转型的基础之一。

数据化技术与智能化技术越来越向纵深发展，人们对于楼宇的功能要求越来越高，对安防、消防、识别、水电、通信等子系统的功能要求更加具体化。这些楼宇自控子系统和自动化产品种类也在不断扩展，使得每栋楼宇成为智慧网络的信息节点。以物联网技术为核心的楼宇自控系统将这些节点联系起来，楼控企业会考虑如何将建筑物的照明、暖通、安防、通信网络等子系统集成到统一的平台上，进行统一管理、统一监控，使不同子系统的实时数据可以共得共享。这正是智慧楼宇解决方案的核心价值体现之一。

2.4.2　重新定义智慧楼宇的功用与模式

智能建筑发展到当下的智慧楼宇，人们对楼宇的"智"的认识发生了重大转变：在智能时代，人们希望楼宇按照自己的指令执行相对应的任务；在智慧时代，人们希望楼宇依据环境的变化，可以自主调节相关功能，甚至具备一定的自主思考能力，如楼宇可以依据地面的清洁度自主扫地或拖地，不再需要人对其下达指令。

技术开启了人们无限的想象空间，也在促使人们思考相关制度与政策方面的改革，以适应新形势与市场化的要求。最终，智慧楼宇将演变成为一个平台，搭载更多的个性化服务，满足人们对楼宇的更多诉求，而不仅是一个办公或居家的冷冰冰的水泥"盒子"。

2.4.2.1　"主动"管理能源

在我国早期的智慧楼宇中，大多数建筑设备自动化系统（Building Automation System，BAS）仅具备监视设备运行的状态和自动控制的功能，缺少计量和管理设备能耗的能力，这类已建成的智慧楼宇无法满足物联网时代人们对高效能源管理的要求。现在，人们对智慧楼宇的建筑耗能管理更加精确化、全面化。

2.4.2.2　"云服务"使楼宇能源管理高度智能化

智慧楼宇的自控系统对于数据挖掘和应用还处于探索阶段，具有很大的开发空间。随着市场竞争的加剧，企业需要依据自身优势，精准定位，明确角色，以

大数据技术为支撑，发挥大数据集群优势，分析用户需求，实现照明、空调、电梯等设备的数据的自动配置，让城市建筑能源管理更加智能化。

2.4.2.3　人—机交互技术使楼宇更加人性化

人—机交互技术是通过计算机输入、输出设备，以有效的方式实现人与计算机对话的技术。人—机交互技术包括机器通过输出或显示设备给人提供信息，人通过输入设备给机器输入有关信息等。人—机交互技术是计算机用户界面设计中的重要内容之一。

智慧楼宇的前景广阔，但只有政策的扶持是不够的，要想真正发展起来还要靠"真本事"——过硬的技术支撑。智慧楼宇不仅仅是智能技术的单项应用，同时也是基于城市物联网和云中心架构下的一个智慧综合体。

2.4.2.4　技术应用的扩展

智慧楼宇要大量地运用智能技术，需要通过非线性控制理论和方法，采用开环与闭环控制相结合、定性与定量控制相结合的多模态控制方式，解决复杂系统的控制问题；通过多媒体技术提供图文并茂、简单直观的工作界面；通过人工智能和专家系统，感知和模拟人的行为、思维和行为策略，精确控制楼宇的对象；智能控制系统具有自寻优、自适应、自组织、自学习和自协调的能力。

2.4.2.5　信息服务的共享

智慧城市中的云中心汇集了与城市相关的各种信息，可以通过基础设施服务、平台服务和软件服务等方式，为智慧楼宇提供全方位的支撑与应用服务。因此，智慧楼宇要具有共享城市公共信息资源的能力，尽量减少建筑内部的系统建设，达到高效节能、绿色环保和可持续发展的要求。

2.4.2.6　物联网应用的扩大

物联网是借助射频识别、红外感应器、定位系统、激光扫描器等，按约定的协议，将物品与互联网连接。智慧楼宇中存在各种设备、系统和人员等管理对象，需要借助物联网技术来实现设备和系统信息的互联互通和远程共享。

2.5　促进智慧楼宇发展的思路

发展智慧楼宇是一项复杂的系统工程，不仅需要各级政府结合自身的实际情况，切实做好规划与发展方案，还需要积极引导互联网、大数据、安防、建筑等相关行业的企业参与。

2.5.1　培育共识

主管部门要积极组织行业展会、行业论坛、行业会议等活动，以此凝聚地方政府、相关企业、高校、协会等单位的力量，就发展智慧楼宇达成共识，共同推进智慧楼宇的发展与落地。

主管部门可以引导企业打造产、学、研等多方共赢的产业平台，为智慧楼宇产业链上下游企业提供相关服务：充分凝聚各方力量，整合优质资源，积极开展技术交流，制定业内技术标准，提高整体研发能力，加强行业内外的广泛合作，提高企业的经营水平，进一步加强国际交流与合作；提升产品的技术和质量标准，为消费者提供优质的产品和服务，推动智慧楼宇产业规范有序地发展。

2.5.2　各级政府支持，寻求重点突破

智慧楼宇作为智慧城市系统的重要组成部分，其建设得到了各级政府的大力支持。

从 2011 年至今，工业和信息化部制定的与智慧城市相关的规划已经超过 10 个，包括信息安全规划、电子信息产业规划、软件业规划、通信业规划、物联网规划、电子政务及电子商务规划等，这些规划已经陆续颁布实施。在各级政府的支持下，许多城市积极布局，实现重点突破，带动全局。例如，湖北省的智慧城市群涉及 17 个省内城市，广东省的智慧城市群涉及 21 个省内城市。据统计，上海、

北京等城市的智慧城市投资规模在 150 亿元到 200 亿元；山东、浙江、江苏等省的智慧城市群的投资规模均达到 500 亿元；河南洛阳、驻马店，湖北荆州等 33 个城市的智慧城市建设投资规模达 20 亿元到 30 亿元。

2.5.3　规划引领，资源聚合

地方政府在智慧楼宇的发展与建设过程中可以从以下几个方面发挥规划与调控的职能。

2.5.3.1　科学编制专项规划

依据国民经济和社会发展"十三五"规划纲要，地方政府应科学编制各自城市、地区或市县的"十三五"专项规划，并且安排相关部门负责专项规划的编制和审批工作，将各专项规划纳入城市近期建设规划、年度实施计划中。

2.5.3.2　强化专项规划的实施

在实施专项规划的过程中，相关部门务必严格执行各项管理规定，如城市道路红线、绿地绿线、基础设施黄线、水系蓝线等。针对具体的智慧楼宇项目，相关部门也应该设立完备的档案，并建立完整的规划指标体系。

2.5.3.3　统筹在建项目的建设

各级政府要认真贯彻落实项目建设的相关制度，规范招标、投标工作，全面推行现代工程管理制度，狠抓建设进度，明确工作目标，倒排时间节点，分清工作责任；加快推进项目建设，注重造价管理，优化建设方案，严格设计变更程序，加大政府监督力度，努力降低工程造价；加强质量管理，严格工程质量标准，强化工程质量检测，打造放心工程、优质工程；严格执行建设项目安全设施"三同时"的规定，确保安全生产，避免安全事故的发生。

2.5.3.4　引导创新投融资模式

各地要发挥财政资金的杠杆作用，吸引社会资本投向基础设施建设；推广政府与社会资本的合作模式，开展城市基础设施投资的建设和运营，形成政府主导、社会参与的公共服务供给模式，切实提高公共服务供给水平和效率；积极创造条件，优化市场配置，通过直接融资、间接融资、特许经营、投资补助、政府购买服务等方式，鼓励社会资本参与公益性的城市基础设施的投资和运营。

2.5.3.5　推动运营机制的改革

地方政府发挥区域统筹的作用，依据项目的重要程度，统一组织开展项目的投融资、建设和运营。

2.5.3.6　推进智慧城市管理系统

按照集约、智能、绿色、低碳的新型城镇化建设的总体要求，相关部门运用新一代信息技术，推动城市管理和服务体系向智慧化、标准化和精细化方向发展。具体措施为：建立城市基础设施电子档案，实现城市基础设施数字平台的全覆盖，以解决城市基础设施建设管理的实际问题为切入点，积极发展民生服务的智慧应用，重点推进城市公共管理信息服务平台及智慧社区（园区）、城市网格化管理服务等领域的智慧应用建设，有效提高城市的运行效率，全面提升城镇发展的水平。

浙江省嘉兴市南湖区开启"智慧楼宇"时代

目前，浙江省嘉兴市南湖区的楼宇经济信息网投入试运行，对辖区内97幢商务楼宇实施动态管理，该信息网平台将成为展示南湖区楼宇经济风采的一个窗口。

该网络平台的运作有利于解决区域楼宇工作面临的一系列难题。南湖区的相关负责人介绍，当前，楼宇经济已然成为城市经济的重要组成部分，但各楼宇在产权、定位、运营等方面的差异性，导致出现难以统筹招商、信息沟通不畅等问题，而楼宇经济的信息在过去一直是人工整理的，耗费巨大且容易失真，政府部门对楼宇经济信息掌握存在"盲区"，迫切需要更高效、便捷的管理服务渠道，因而构建楼宇经济信息网便成了实施"智慧楼宇"的一项重点措施。

用户进入南湖区楼宇经济信息网后，只要轻点鼠标，就能全方位地了解南湖区楼宇的经济信息，这些信息包括各楼宇环境、明星企业、责任人联系方式，甚至能了解楼宇物业费的收取标准、机动车泊位数等，还可以通过地图查看楼宇所处位置及其周边的功能配套、交通等情况，企业通过该网络平台还可以和政府部门进行互动。

通过该网络平台，楼宇企业的相关负责人、楼管员、政府负责该项目的相关人员都各自拥有不同的权限，可以对数据和信息进行录入、修改、分析等操作；该平台还可自动生成报表。数字化技术的应用有助于相关人员大大提高工作效率，政府也可实时掌握楼宇的经济现状、发展趋势、存在的问题等，以便相关人员及时提出相应的解决办法，从而实现政府部门、楼宇管理单位与入驻企业的高效沟通。

第3章

智慧楼宇的支撑技术

　　高耗能、低效能是我国楼宇系统运营中普遍存在的突出问题。随着城市经济发展的提速，传统楼宇经济模式发生了变革，迫切需要新的技术手段改变现状，以打造面向未来的、绿色、智能、现代化的智慧楼宇。

　　在信息技术的支持下，智慧楼宇解决方案应运而生。智慧楼宇是指通过物联网、人工智能、大数据等手段，将楼宇的结构、系统、服务和管理根据实际需求进行最优化的组合，从而为人们提供高效、舒适、便利的人性化环境，为楼宇的管理者提供用户与访客的通行管理、物业运营管理等方面的便利，以智慧科技盘活楼宇新经济。

3.1 智慧楼宇之BIM技术

3.1.1 何谓 BIM 技术

建筑信息模型（Building Information Modeling, BIM）是一种应用于工程设计、建造、管理的数据化工具，用于整合建筑的数据和信息，将其在项目策划、运行和维护的全生命周期过程中进行共享和传递，使工程技术人员对各种建筑信息做出正确的理解和采取高效的应对措施，为设计团队以及包括建筑、运营单位在内的各方建设主体提供协同工作的基础，在提高生产效率、节约成本和缩短工期方面发挥着重要作用。

计算机辅助设计（Camputer Aided Design，CAD）的发明、普及使建筑师、工程师从手工绘图转向电子绘图。CAD 改变了传统的设计方法和生产模式，提高了设计效率和设计质量。如果 CAD 是工程设计领域的第一次技术革命，那么 BIM 技术就是工程设计领域的第二次技术革命。BIM 技术彻底改变了工程设计、建造和运维方式。

3.1.2 BIM 技术的特点

BIM 技术具有以下 5 个特点，如图 3-1 所示。

3.1.3 BIM 技术的优点

作为一种新兴的建筑设计方法，BIM 技术与传统的二维图纸不同，可以说是三维、四维（空间＋时间）甚至更多维度的设计。BIM 技术的优点如图 3-2 所示。

可视化	☞	可视化即"所见所得"的形式，对于建筑行业来说，可视化的作用越来越重要
协调性	☞	协调是建筑业中的重点内容，不管是施工单位，还是业主及设计单位都在做着协调及相配合的工作
模拟性	☞	模拟性并不是指模拟设计出的建筑物模型，它可以模拟不能在真实世界中进行操作的事物。在设计阶段，BIM可以对设计上需要进行模拟的东西进行模拟实验
优化性	☞	事实上，整个建筑设计项目的设计、施工、运营的过程就是一个不断优化的过程，BIM可以做更好的优化
可出图性	☞	BIM不仅能绘制常规的建筑设计图纸及构件加工的图纸，还能对建筑物进行可视化展示、协调、模拟、优化，并出具各专业图纸及深化图纸，使工程表达更加详细

图3-1 BIM技术的特点

全生命周期	☞	BIM技术增加了时间维度。一个建筑从设计阶段、施工阶段、销售招商到运营管理，都可以通过BIM技术进行全方位的设计和模拟
所见即所得	☞	BIM技术可以构建建筑物的三维模型，图纸设计是二维的，从二维图纸到三维图形之间，设计人员需要发挥自己的想象。然而如今的建筑物，复杂结构层出不穷，单单凭借想象可能会非常困难，同时，对于不是建筑专业的人员来说就更加困难。BIM技术可以让整个过程都是可视化的
协调性更好	☞	如今的建筑设计需要不同部门的协作，以避免各自为战而造成的冲突。BIM技术具有更好的设计协调性，方便大家协同设计，及早进行冲突碰撞检查
模拟与优化	☞	BIM技术还可以被用来进行多方位的模拟，包括节能模拟、日照模拟、紧急疏散模拟、施工进度模拟乃至建筑物投入使用之后的模拟等。对于业主、设计方和施工方来讲，BIM技术都将发挥重大的作用

图3-2 BIM技术的优点

3.1.4　BIM 技术在智慧楼宇建设中的应用

为了确保工程项目的进程和安全，智慧楼宇工程项目建设的相关方必须将 BIM 技术有效地应用到工程中的各个环节，为设计施工一体化管理注入动力。

（1）BIM 技术的深化设计

BIM 技术的深化设计主要包含碰撞检测、净高分析、管线综合排布、预留预埋和综合支吊架。

对于管线综合排布，我们在建筑施工的过程中，按照 BIM 技术的深化设计要求，统一参数形式，并录入相关设计数据，以构建包含二维设计图纸全部内容的三维模型，利用其碰撞检测功能检测管线布置情况，并进行深化设计。在机电综合排布中，我们将各个专业集中在相同模型的平台上，通过碰撞检查分析生成检查报告；同时结合 BIM 模型，预留机电设备的安装孔洞，经过 BIM 机电模型确认，形成机电安装图纸以及预留洞图。通过碰撞检查，我们会提前发现机电安装的问题，在设计阶段加以完善，这不仅缩短了施工工期，而且节省了施工材料。

（2）BIM 的招投标

招投标在整个工程项目前期属于策划阶段，我们通过 BIM 技术可以建立相关的三维模型，合理地统计和分析工程量，最终形成准确的项目清单。投标单位建立和提交 BIM 模型，有利于检测出图纸中出现的问题，方便相关人员及时采取相关措施以解决问题。施工单位在投标时可基于施工图纸构建 3D 模型，直观展现施工现场的情况，包括平面布置和办公区布局等。

按照惯性思维推理，一般情况下业主注重的是施工进度，工程项目部依据工程节点编制了施工进度控制计划，绘制横道图，同时采取工期推演的方式模拟施工作业的全过程，使业主能更全面地了解施工全过程，从而增加了工程亮点，提升了投标品质。

（3）BIM 建模

BIM 建模是项目施工前期环节中较为重要的工作，精细化建立的 BIM 模型能直观地展现二维图纸的设计意图，为 BIM 应用提供保障。施工方通过模型深化对工程提前"预演"，可以解决图纸错、漏、碰、缺等问题，从而实现最优方案指导施工。

在整个项目工程的实施方案中，施工方在建立 BIM 模型前，首先需建立参数化构件族库。由于一些建筑工程的体量较大，大量构件类型及参数类别相似，为推进工程进度，施工方可在项目建模过程中基于 BIM 技术的参数化特征，建立支持实时快捷修改的参数化专项构件族库。如果对族类型参数进行修改，这些修改将仅应用于使用该类型创建的所有图元实例，通过参数化的定义及调整可快速建立或修改构件模型，从而有效实现数据库与模型的双向连接。

（4）BIM 的可视化

BIM 的可视化主要分为宣传片制作、BIM 场地布置、BIM 4D 进度模拟、BIM 方案模拟、BIM 工艺模拟和 VR 安全教育等。

由于一些建筑工程的施工结构复杂，因此一般采用 BIM 模型与动画视频相结合的方式可视化地展示相关设计，这相较于传统的纸质文案更加形象，可表达出工程施工顺序、施工内容和技术方案，帮助各方理解、优化工作内容。我们在项目中利用 BIM 技术进行三维可视化立体施工的规划，可解决如材料堆放空间不够或布置不合理造成的场地浪费，交通通道无法满足构件运输空间，起重吊装等大型设备操作预留空间不能满足施工安全要求，焊接及切割等分区不合理对办公及休息区甚至周边居民生活造成不良影响等一系列问题。

（5）协同管理云平台

工程建设的核心目标无非是质量、进度和成本。质量目标在整个工程项目中越来越重要。保证项目工程的质量离不开各参建单位中各个部门的有效沟通。而基于 BIM 技术开发的协同管理云平台，就是用于解决传统工程建设项目在全过程质量管理中的不足，使各部门有效利用 BIM 一体化协同管理云平台在质量管理中的优势，提高沟通效率，加快工程建设进度，提高建筑的施工质量。

（6）BIM 的操作系统

BIM 的核心是建立虚拟的建筑工程三维模型，利用数字化技术，为该模型提供完整的、与实际情况一致的建筑工程信息库。BIM 的操作系统被应用到楼宇智能化管理中，通过智能配电、门禁、传感等终端设备应用，结合智慧物业综合管理系统，实现对楼宇可视化、一站式数据的管控。

BIM 的操作系统是以建筑为核心，联动智能硬件与业务，实现楼宇数字化可

视管控，创新、创造新的 BIM，解决建筑的运营管理、数据运营等复杂的信息化系统问题。BIM 的操作系统可将传统的建筑 5A 标准提升到一个全新的高度，可以为建筑赋能，整合建筑前后端管理与展示业务，实现建筑的智能化、科技化。

BIM 技术在上海世博会博物馆项目中的应用

上海世博会博物馆由上海市政府和国际展览局合作共建，是世博专题博物馆。根据规划，建成后的博物馆将全面综合地展示历届世博会的盛况。

上海世博建设开发有限公司副总经理吴强表示，世博会博物馆项目立项时，市政府制订了三个建设目标：一是在 2016 年上海世博会 6 周年之际建成开馆；二是将该项目建设成为绿色建筑，并获得我国绿色建筑三星标识认证；三是由财政拨款进行 BIM 技术研究试点，检验 BIM 技术在此类文化建筑建设中的设计、施工及运维阶段全生命周期的应用效果。

在设计阶段，上海世博会博物馆应用 BIM 技术解决了大量图纸纠错和管线碰撞问题，并完成了绿色建筑方面的优化分析，为业主决策提供了强大的技术支持。上海世博会博物馆物业管理部副部长汤国强表示："通过三维建筑模型，我们可以直观地了解展厅净高、管道现状等细节问题，从而提早进行优化。在施工阶段，我们运用 BIM 技术成功地指导施工单位安排工程计划以及预制混凝土和钢结构。"此外，BIM 技术的使用使上海世博会博物馆的设计工作实现了无纸化办公，使设计方、建设方、业主方通过同一平台共享设计信息，加强专业协同，提升了工作效率。

上海世博会博物馆的建筑形态以城市周边环境特征和内部良好的功能组织为依托，设计成整体的矩形体块，建筑中央设计一处名为"欢庆之云"的通高大厅，该大厅是汇聚人气、吸引人流的中心。矩形体块内部以绿意盎然的展馆街为主线。复杂的建筑造型与展览组织的动线使 BIM 技术的优势得到体现。该项目负责人介绍说："世博会博物馆项目的体量虽然不是非常大，但非常复杂。不论在艺术积淀、造型创意还是使用功能方面的要求都非常高。博物馆内部有 14 个展厅，全都在不同的标高上面，建成布展后，人流及物流动线设置也十分复杂，建筑设计的许多环节都需要依靠 BIM 技术推进。"例如，由金属幕墙、石材幕墙、玻璃幕墙和钢结构组成的"欢庆之云"，由于拥有大量削切面，空间定位都需要直接通过三维模型选取坐标。相关人员在设计过程中主要使用犀牛软件造型，之后与 Revit 软件进行对接。BIM 技术在辅助设计的同时还控制了原材料及造价，如将"欢庆之云"的北侧云柱移至西侧，减少了 5% 的幕墙总面积；通过控制幕墙板块的大小，提高原件的最大利用率，节省了 19.98% 的玻璃母板面积。

3.2 物联网技术

物联网技术作为一项新兴技术，受到越来越多领域的关注。基于物联网技术的智慧楼宇正在成为智慧城市的重要组成部分。

3.2.1 物联网的定义及结构

物联网就是物物相连的网络，是基于互联网、传统电信网等信息承载体，让所有能被独立寻址的普通物理对象实现互联互通的网络。

通俗地讲，物联网是指将各类传感器、射频识别和现有的互联网相互衔接的一个新技术。

物联网的核心和基础仍然是互联网，网络具有泛在性和信息聚合性，如图 3-3 所示。

物联网是下一代互联网的发展和延伸，因为其与人们的生活密切相关，因此物联网技术的应用被称为继计算机、互联网与移动通信网之后的又一次信息产业的浪潮。

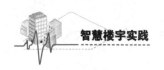
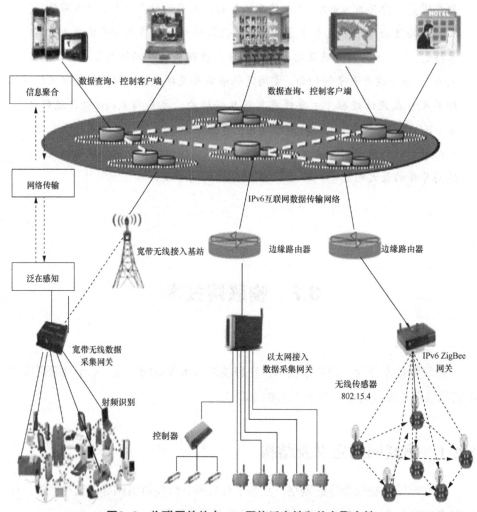

图3-3 物联网的特点——网络泛在性和信息聚合性

物联网的体系结构可分为感知层、网络层和应用层3层，如图3-4所示。

（1）感知层

感知层相当于人体的皮肤和五官，是用于识别物体、采集信息的工具，主要包括二维码标签和识读器、RFID标签和读写器、摄像头、传感器及传感器网络等。

感知层要解决的重点问题是感知、识别物体，通过RFID标签、传感器、识读器、二维码等对感兴趣的信息进行大规模、分布式采集，并对其进行智能化识别，然后通过接入设备将获取的信息与网络中的相关单元进行资源共享与交互。

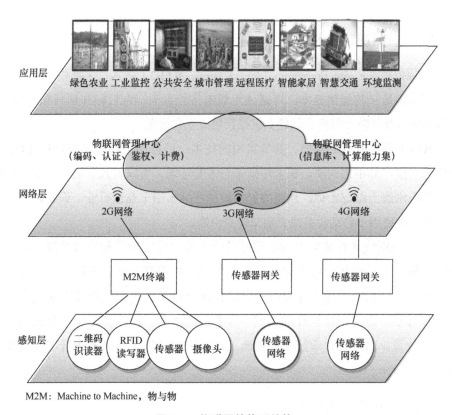

M2M：Machine to Machine，物与物

图3-4　物联网的体系结构

（2）网络层

网络层相当于人体的神经中枢和大脑，主要承担信息的传输工作，即通过通信网、互联网、广电网或者下一代网络（Next Generation Networks，NGN），实现数据的传输和计算。

（3）应用层

应用层相当于社会分工，与行业需求相结合，实现广泛智能化，以及物联网与行业专用技术的深度融合。

应用层完成信息的分析、处理和决策等功能，并完成特定的智能化应用和服务任务，以实现物与物、人与物之间的识别与感知，发挥智能作用。

3.2.2　物联网的关键技术

3.2.2.1　射频识别技术

射频识别（Radio Frequency Identification，RFID）技术，又被称为无线射频识别技术，是一种通信技术，可通过无线电信号识别特定目标并读写相关数据，无须识别系统与特定目标之间建立机械接触或光学接触。

RFID 是一项易于操控、简单实用的技术，可自由工作在各种恶劣环境下。短距离射频产品不怕油渍、灰尘污染等恶劣的环境，可以替代条码，例如被用在工厂的流水线上跟踪物体。长距离射频识别产品多用于交通行业，识别距离可达几十米，主要用于自动收费或识别车辆身份等。

射频识别技术在楼宇上的应用可以分为楼宇建筑阶段和运营阶段。在建筑阶段，相关人员使用无线射频识别技术可以有效提升建材、工程、进度等方面的管理水平。如大型楼宇建设中的钢结构件管理工作可使用射频识别技术的标签管理方法，定义不同构件的类型、分类、流水号，用于管理每一个构件在楼宇中的位置。同时，这项技术也被施工方用于管理施工团队及进行事后追踪与维护。

3.2.2.2　无线传感器网络

无线传感器网络是由部署在监测区域内大量的微型传感器节点通过无线通信方式形成的一个多跳自组织网络，主要应用于航空、环境、医疗、家居、工业、商业等领域。基于微机电系统的微传感技术和无线联网技术为无线传感器网络赋予了广阔的应用前景。

无线传感器网络主要包括传感器、数据处理单元和通信模块等节点，各节点通过协议自组成一个分布式网络，采集的数据经过优化后再经无线电波传输给信息处理中心。

节点的数量巨大，而且还处在随时变化的环境中，这就使无线传感器网络有着不同于普通传感器网络的"个性"，具体如图 3-5 所示。

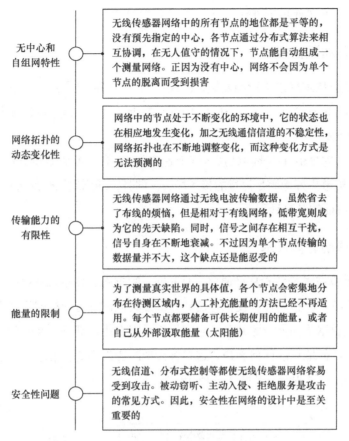

图3-5　无线传感器网络的特性

3.2.2.3　视频识别技术

视频识别主要包括前端视频信息的采集及传输、中间的视频检测和后端的视频智能分析3个环节。

视频识别的要求是摄像机能提供清晰的图像，图像的质量直接影响视频识别的效果。

视频检测要解决图像中的运动模糊、视频失去焦点及形变等问题。

视频智能分析是指使用视频内容分析技术，将场景中的背景和目标分离进而分析并追踪在摄像机场景内出现的目标。用户可以利用该技术，在不同摄像机的场景中预设不同的报警规则，一旦目标在场景中出现了违反预定义规则的行为，系统会自动发出报警，监控工作站自动弹出报警信息并发出警示音，用户可以单

击报警信息，并采取相关措施。

3.2.2.4 移动通信技术

移动通信技术经过不断的发展，已经从第一代移动通信技术发展到第五代移动通信技术（5th-Generation，5G）。中国、韩国、日本、欧盟等国家和地区都在进行 5G 的研发。

5G 技术的峰值速率是 4G 技术峰值速率的 10 倍，可从 100Mbit/s 提高到几十 Gbit/s，能够更好地满足海量的接入场景。同时，端到端的时延将从 4G 的十几毫秒减少到 5G 的几毫秒。

3.2.2.5 移动计算技术

移动计算技术是随着移动通信、互联网、数据库、分布式计算等技术的发展而兴起的新技术。移动计算技术将使计算机或其他信息智能终端设备在无线网络环境下实现数据传输及资源共享。它的作用是将有用、准确、及时的信息提供给任何时间、任何地点的任何客户，这将极大地改变人们的生活和工作方式。移动计算技术的工作过程示意如图 3-6 所示。

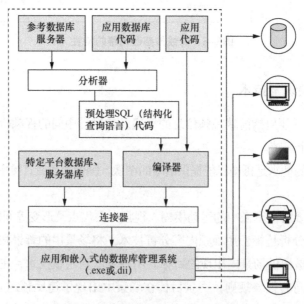

图3-6 移动计算技术的工作过程示意

3.2.2.6 无线网络技术

（1）无线网络技术的类型

无线网络技术主要有网桥连接型、访问节点连接型、集成器接入型和无中心型4种，具体如图3-7所示。

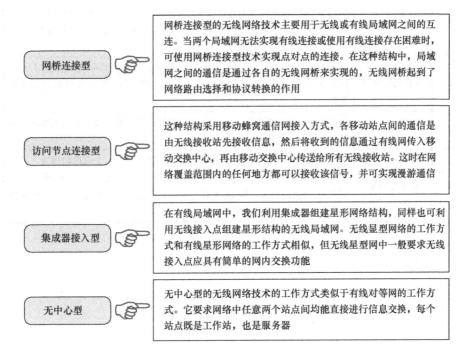

图3-7 无线网络技术的类型

（2）无线网络技术的功能

无线网络技术的功能见表3-1。

表3-1 无线网络技术的功能

序号	功能	说明
1	动态速率转换	当射频情况变差时，数据的传输速率可从11Mbit/s降至5.5Mbit/s、2Mbit/s或1Mbit/s
2	漫游支持	当用户在楼上/下或公司部门之间移动时，IEEE802.11无线网络标准允许无线网络用户可以在不同的无线网桥网段中使用相同的信道或在不同的信道之间互相漫游

（续表）

序号	功能	说明
3	扩展频谱	在无线电频率的宽频带上发送传输信号，其中包括跳频扩谱和直接顺序扩谱两种。跳频扩谱的数据传输速率为2Mbit/s；对于其他的无线局域网服务，直接顺序扩谱是一个更好的选择。在IEEE802.11b标准中，允许采用直接顺序扩谱的以太网速率达11Mbit/s
4	自动速率选择	IEEE802.11无线网络标准允许移动用户设置自动速率选择模式，该模式会根据信号的质量及与网桥接入点的距离自动为每个传输路径选择最佳的传输速率，该功能还可以根据用户的不同应用环境设置不同的固定应用速率
5	电源消耗管理	IEEE802.11还定义了介质访问控制（Media Access Control，MAC）子层的信令方式，通过电源管理软件的控制，移动用户的电源可具有最长的寿命
6	保密	最新的无线局域网标准采用了一种加载保密字节的方法，使得无线网络具有同有线以太网同等级的保密性
7	信息包重整	当传送帧受到严重干扰时，必定要重传数据。因此一个信息包越大，所需重传的耗费也就越大。这时可减小帧尺寸，并把大信息包分割为若干个小信息包，即使重传，也只是重传一个小信息包，耗费相对较小。这样就能大大提高无线网在噪声干扰地区的抗干扰能力

3.3 大数据技术

3.3.1 大数据的概念及特点

大数据又称巨量资料，是指所涉及的数据量巨大，人脑甚至主流软件工具无法在合理的时间内获取、管理、处理同时也无法高效地将其整理成帮助企业进行经营决策的数据。

大数据是继云计算、物联网之后，IT领域出现的又一次颠覆性的技术变革。它对于社会管理、发展预测、企业和部门的决策乃至社会的方方面面都将产生巨大的影响。

大数据的特点是数据体量巨大、数据类型繁多、处理速度快和价值密度低。

（1）数据体量巨大

大数据的数据体量巨大。数据集合的规模不断扩大，已从 GB 级发展到 TB 级又到 PB 级，甚至开始以 EB 和 ZB 来计数。一个中型城市的视频监控头每天就能产生几十 TB 的数据。

（2）数据类型繁多

大数据的类型复杂，以往我们产生或者处理的数据类型较为单一，大部分是结构化数据；而如今，社交网络、物联网、移动计算、在线广告等新的渠道和技术不断涌现，产生了大量半结构化或者非结构化的数据，导致新数据类型剧增。企业需要整合并分析来自传统和非传统信息源的数据，其中包括企业内部和外部的数据。

（3）处理速度快

数据产生、处理和分析的速度持续加快，数据流量也越来越大。加速的原因是数据的创建具有实时性，数据处理速度快，处理能力从批处理转向流处理。

（4）价值密度低

大数据的体量在不断地增大，单位数据的价值密度在不断降低，然而数据的整体价值却在提高。有人甚至认为大数据等同于黄金和石油，其中蕴含了无限的商业价值。企业应充分挖掘大数据中潜在的商业价值，拓宽经营范围，从而获得巨大的商业利润。

3.3.2　大数据的整合功能

在智慧楼宇领域，大数据并不是数字的简单叠加或收集，更多的是基于价值的信息挖掘和有效集成。大数据的整合功能包括以下几个方面。

3.3.2.1　人力整合功能

人是行业和项目中流通性最强的元素，既从数据端接收信息，又反馈、提供新的数据源。各部门在同一平台上的协同合作是保证数据真实可靠的基础。这需要建立新的工作模式，让参与方从项目早期开始整合相关数据，在互相信任

的基础上共享数据，培养团队的创新氛围，提高人员的沟通效率和整体的工作水平。

3.3.2.2 管理流程整合功能

如果说大数据是一个一个的信息点，那么，管理流程就是串联这些信息点的线条。在智慧楼宇实践中，iTWO 5D BIM 大数据全流程管理平台不但可以整合虚拟和实体两个流程生成的数据主模板，还能与 CAD 和企业资源计划（Enterprise Resource Planning，ERP）系统对接，形成集"规划、设计、建筑、生产、运营、维护"于一体的信息管理体系，集成碎片化数据，从而提高流程化生产和管理效益。

3.3.2.3 软硬件整合功能

智慧楼宇的精细化管理，需要大数据全流程平台作为支撑，并以高性能计算机、控制中心、移动终端等智能设备为硬件平台，优化资源配置和进行数据交互，使楼宇在前期建造环节和后期维护环节都更加智能化。

3.4 云计算技术

3.4.1 云计算的功能

云计算是一个虚拟化的计算机资源池，它可以实现以下功能：

① 托管多种不同的工作负载，包括批处理作业和面向用户的交互式应用程序；

② 通过快速部署虚拟机或物理机，迅速部署系统并增加系统容量；

③ 支持冗余的、能自我恢复的且高效可扩展的编程模型，以使工作负载能从多种不可避免的硬件／软件故障中自行恢复；

④实时监控资源的使用情况，在需要时重新平衡资源分配。

3.4.2 体系结构

云计算平台的体系结构如图 3-8 所示。

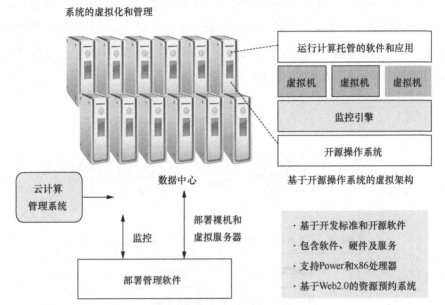

图3-8 云计算平台的体系结构

云平台的体系结构由数据中心、部署管理软件、虚拟化组件和云计算管理系统组成。部署管理软件的作用是管理数据中心的计算资源，如服务器、存储和被托管的软件及应用。虚拟化组件为数据中心提供虚拟化技术，配合部署管理软件，使数据中心的虚拟化成为可能。云计算管理系统则提供了用户申请云计算资源的界面，并允许管理人员制订云计算管理的规则。

图 3-8 的右边部分是云计算最终用户看到的已安装好软件和应用的虚拟机界面。用户根据需要，通过云计算管理系统界面，可设定虚拟机的类型、容量和所需安装的软件。经过合法的批准流程，云计算会自动为虚拟机分配并配置硬件，安装操作系统及所需的软件和应用，并将配置好的虚拟机的相关信息，如 IP 地址、账号和密码等交付给用户，用户就可以使用虚拟机了，就像自己使用一台服务器一样。

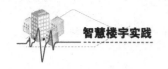

3.4.3　云计算的架构

云计算的架构如图 3-9 所示。

云计算架构的底层是硬件和操作系统等基础设施；在此之上是系统和管理软件，包括管理软件、虚拟化组件和云计算管理系统；再上层是云计算提供的各种虚拟机；在最上层，虚拟机的组合形成了各个具体的云计算使用中心，实现了各中心对计算资源的动态分配和虚拟分配。

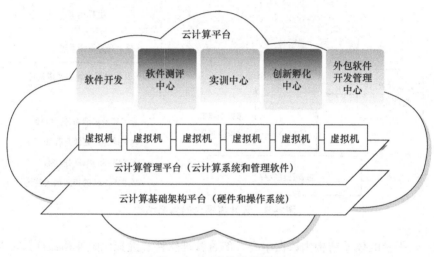

图3-9　云计算的架构

3.4.4　云计算的服务模式

云计算的服务模式有 SPI［软件即服务（Software as a Service，SaaS）、平台即服务（Platform as a Service，PaaS）和基础设施即服务（Infrastructure as a Service，IaaS）］三大类。PaaS 和 IaaS 源于 SaaS 的理念，PaaS 和 IaaS 可以直接通过面向服务的架构（Service Oriented Architecture，SOA）/网络服务（WebServices）向平台用户提供服务，也可以作为 SaaS 模式的支撑平台间接向最终用户提供服务。

（1）SaaS

云计算平台提供给用户的服务是运营商运行在云计算基础设施上的应用程

序，用户可以在各种设备上通过客户端界面访问应用程序。用户不需要管理或控制任何云计算基础设施，如网络、服务器、操作系统等。

（2）PaaS

云计算平台提供给用户的服务是把用户的应用程序部署到供应商的云计算基础设施上去。用户能控制自己部署的应用程序，也可以调整运行应用程序的托管环境配置。

（3）IaaS

云计算平台提供给用户的服务是用户可以利用平台上的所有计算基础设施，包括中央处理器、内存、存储、网络和其他基本的计算资源。用户能够在这些基础设施上部署和运行自己的任意软件，包括操作系统和应用程序，并对其进行控制和管理，甚至可有限制地控制平台上的网络组件（如路由器、防火墙、负载均衡器等）。

云计算的服务模式如图 3-10 所示。

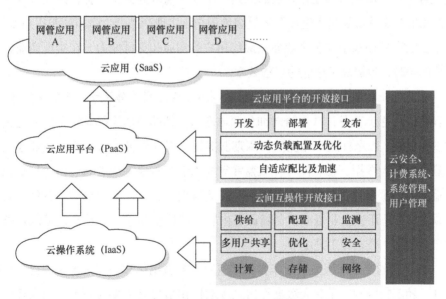

图3-10　云计算的服务模式

3.4.5　云计算的服务类型

从服务方式的角度来看，云计算可分为：为公众提供开放的计算、存储等服

务的"公共云"，如百度的搜索服务和各种邮箱服务等；部署在防火墙内，为某个特定组织提供相应服务的"私有云"；将以上两种服务方式进行结合的"混合云"。

3.4.6　云计算在智慧楼宇方面的应用

在建筑工业化和数据化深入融合的大背景下，物联网、大数据等新一代信息技术获得了快速发展。企业业务的移动化及其对海量数据存储和处理的新需求，推动云计算应用向智慧楼宇领域渗透，引发楼宇行业的变革。

3.4.6.1　云计算推动楼宇智慧化

云计算与智能终端协调配合，形成"端＋云＋端"的运作部署，推动建筑行业商业模式的创新。云平台是用户需求和企业资源之间的沟通桥梁，企业可以通过客户端与云平台沟通，开展面向用户个性化需求的施工设计，并通过云平台将产品的施工状况和施工进度及时反馈给用户，实现产品全生命周期的用户参与。云平台的应用提高了建筑企业面向最终用户的沟通和交付能力，在实现商业模式创新的同时，也提高了企业的工作效率。

云应用推动服务价值的提升和服务内容的创新，助力建筑企业服务化的升级。云计算应用逐步普及，并不断向细分领域渗透，其助力建筑行业转型主要通过两种途径实现：一是打通产品全生命周期服务链，提升服务价值，建筑企业通过云计算再结合大数据、物联网、在线监测等技术能够将建筑施工的运作过程虚拟化传输到云资源中进行分析、预测，一旦发现问题，就可以实时报警，避免不必要的损失；二是开放企业资源，创新服务内容，建筑企业通过云平台，可以对外开放自身数据，公布施工进度等。

基于云的产品和服务不断丰富，建筑行业的数据化和智慧化水平获得了加速提升。随着物联网、工业大数据等信息技术和 BIM 技术的融合发展，面向建筑行业生产施工管理的云计算产品及服务应运而生。解析服务、云数据、云存储等产品和解决方案的出现，极大地方便了物联网、大数据的工业部署，打通了"信息孤岛"，建筑企业能够实现跨平台的海量数据的分析和管理，实现快速响应和高效的建筑生产施工。

3.4.6.2 云计算在智慧楼宇领域的应用趋势

云计算将为分享经济在建筑领域的应用落地提供平台支撑。依托云计算、物联网、大数据等技术,建筑企业可以构筑资源开放共享的云服务平台。基于该平台,建筑企业可以对外发布需求信息,吸纳社会资源;对内可以有效保障建筑生产安全和建立施工大数据体系。

3.5 安全防范技术

安全防范是智慧楼宇中非常重要的一部分,安全防范技术也因此成为智慧楼宇应用中的一项关键技术,安全防范系统的自动化程度影响着智慧楼宇发展的整体水平。

3.5.1 智慧楼宇对安全防范系统的要求

智慧楼宇具有大型化、自动化、高层次化的特点,因此其对于安全防范系统的要求更高。智慧楼宇对安全防范系统的要求如下。

① 防范:防患于未然是智慧楼宇对安全防范系统的主要要求,无论是对人还是对资产,都应把防范放在首位。

② 报警:当发现智慧楼宇出现相关安全隐患时,系统应能及时报警。

③ 监控:系统应能够对楼宇中需要监控的地方进行 24 小时不间断的监控,并保存一定时间的监控记录。

④ 记录:当发生报警或其他紧急情况时,系统应能够迅速记录报警区域的环境、声音、图像等数据,以备查验。

⑤ 防破坏:系统内一些关键设备或线路遭到破坏时,系统应能够主动报警。

⑥ 自检:系统应能够进行不定期的自检,并应具有消除误报、漏报的功能。

3.5.2　安全防范技术的种类

安全防范技术通常分为以下三类。

① 物理技术防范：主要是指实体防范技术，实体主要指建筑物和实体屏障以及与其匹配的各种实物设施、设备和产品（如门、窗、柜、锁等）。

② 电子防范技术：主要是指用于安全防范的电子、通信、计算机与信息处理技术，如电子报警技术、视频监控技术、出入口控制技术、计算机网络技术等。

③ 生物统计学防范技术：是法庭科学的物证鉴定技术和模式识别技术相结合的产物，主要是指利用人体的生物学特征进行安全技术防范的一种特殊技术，应用较广的有指纹识别、掌纹识别、眼纹识别、声纹识别等识别控制技术。

3.5.3　智慧楼宇涉及的安全防范产品

智慧楼宇涉及的主要安全防范产品包括以下几类：

① 楼宇自控系统，包括系统软件及应用软件、控制器及通信网络及其组件、各类传感器、执行组件；

② 综合布线系统，包括光纤 / 铜缆 / 大对数线缆、面板模块、配线架（数据 / 语音）、工业标准机柜等；

③ 计算机网络系统，包括路由器、交换机、网管软件等；

④ 视频安防监控系统，包括硬盘录像机、编解码器、视频矩阵、监控显示器、摄像头、管理软件及操控设备；

⑤ 防盗报警系统，包括报警管理软件、探测器、报警主机等；

⑥ 出入口控制系统，包括读感器及其控制器、执行组件（电动门锁、门磁、按钮）等；

⑦ 停车场管理系统，包括管理软件、出入口控制设备、道闸、摄像及显示设备等；

⑧ 火灾自动报警系统，包括报警控制器及各类模块，探测、声光报警器，消防电话，广播系统，联动控制器等；

⑨ 有线电视系统，包括前端系统、传输系统、分配系统等；

⑩ 信息发布查询系统，包括显示设备、终端控制器、触摸屏等；

⑪ 大屏幕显示系统，包括显示单元、视频控制客户端、控制软件等；

⑫ 电子会议系统，包括会议发言及讨论系统、同声传译系统、远程视频管理系统、集成控制系统等；

⑬ 公共广播系统，包括前端音源及播出设备、功率放大器、控制设备、扬声器等；

⑭ 访客对讲系统，包括管理软件及硬件设备、壁挂可视分机、监控摄像头、适配器等。

3.6 人工智能技术

3.6.1 人工智能的概念与发展

人工智能技术是研究、开发用于模拟、延伸和扩展人的智能的理论、方法、技术及应用的一项新技术。人工智能是一门极富挑战性的学科，从事这项工作的人需要懂得计算机知识、心理学和哲学相关知识。人工智能技术涉及不同的技术，如机器学习、计算机视觉等。总体而言，人工智能技术的一个主要目标是使机器能够胜任一些通常需要人类智能才能完成的复杂工作。但不同时期、不同人对这种"复杂工作"的理解是不同的。

自 20 世纪 50 年代，学者正式提出人工智能的概念以来，对其范围与深度的研究一直处于快速推进状态，IBM 的深蓝计算机、谷歌的 AlphaGo 和百度的无人驾驶等应用层面的成果相继涌现。

2010 年以来，以专家系统、人工神经网络、决策支持系统和复杂 Agent 技术等为核心的人工智能应用取得了突破性发展，这些成果被广泛应用于金融、物流、零售、教育、医疗、建筑等领域。

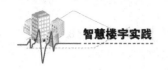

目前，人工智能技术为智慧楼宇的发展与推广提供了许多新思路与方法，比如：在节能终端设备上引入人工神经网络技术，可开发分布式储能等能源管理系统；在楼宇控制系统中，复杂的 Agent 技术正得到大规模应用。人工智能技术的引入，既可以有效地降低楼宇施工、运行与维护的成本，又可以为人们创造更加优美、便利的外部环境。

3.6.2　人工智能技术在智慧楼宇中的应用

（1）人工神经网络技术在智慧楼宇中的应用

智慧楼宇的功能越来越强大，其内部安装的控制、能源、识别等子系统及相关设备也越来越多，功能越来越复杂。高效管理智慧楼宇的前提是实时监控这些子系统及相关设备，确保其处于可靠、安全、协调及经济的运行状态，并保证数据及时反馈到控制终端。这也意味着，建筑设备的自动化运行水平、控制功能、快速响应能力和运行管理等方面都需要进一步提升，而人工神经网络技术可以使硬件拥有学习能力和适应能力，并且可提供监督训练与非监督训练：监督训练包括训练输入／输出集合和神经元加权系数的调节；非监督训练包括训练分类与自组织能力。

借助这两种不同类型的训练系统，智慧楼宇控制系统可以轻松地管理不种类型的设备控制器，并允许它们在不同原理的系统下正常运行。在运行过程中，设备可以自动学习楼宇各方面的参数，分析其特性，从而提供精确的管理模型。遇到突发或特殊情况时，设备可以快速地调整参数，第一时间给出应急处理方案。这种借助实时信号检测、控制、保护、诊断、调节的技术，使楼宇具备自学习、自适应、自组织能力的特点，正是智慧楼宇区别于传统建筑的特点之一。

此外，智慧楼宇的控制系统需要依赖精确的建筑仿真模型，从而进行精确、灵敏的交互式调节与协调。在传统的控制系统中，设备控制器无法在楼宇仿真系统中在线测试与运行，而神经网络学习技术的底层原理是动态学习建模，从而使楼宇仿真模型得以简化，降低了楼宇对计算资源与硬件的要求。这种技术使更多的小型系统具备学习能力与适应能力，也会让楼宇控制系统的"智商"变得更高。这种"会学习的建筑"的自动控制系统的成本大大降低，正在引发一场低成本的智慧楼宇潮流。

尽管当前的建筑神经网络模型还存在时延问题，但随着计算机技术的不断发展，神经网络计算方法也将越来越高级，越来越完善，被更多人接受。在神经网络学习模型中，超大型集成电路正在替代计算机芯片，不仅适用于楼宇能源管理，也适用于楼宇监控、安防、娱乐等方面。随着半导体芯片技术的提高，智慧楼宇的建设成本也会大幅下降。

（2）深度学习技术在智慧楼宇中的应用

专家系统实现了人工智能从理论研究向实际应用，从一般推理策略探讨向专门知识运用的演进。专家系统是人工智能早期发展的一个重要分支，它可以被看作是一类具有专门知识和经验的计算机智能程序。一般采用人工智能技术中的知识表示和知识推理技术来模拟通常由领域专家才能解决的复杂问题。

最近十年，人们对人工智能的研究从专家系统逐步转向深度学习技术。在机器学习方法里，支持向量机（Support Vector Machine，SVM）是常见的一种判别方法，通常被用来进行模式识别、分类以及回归分析。SVM 可以一次性处理大量特征，并引入概率、特征权重。在输入大量数据后，SVM 会得到一个结论，进而提炼和压缩数据，但其无法控制细节信息的损失。在其之后，深度学习方法出现了，它可以提炼数据的多层次概念，即概念背后的概念，克服了浅层模型的缺点。采用深度学习方法的目的是让楼宇自控系统能够依据多维度的建筑模型，增强自适应能力与灵活管理的能力，为安全防范自动化、消防自动化等子系统提供最优的控制与决策等功能。

此外，专家系统和深度学习技术也可以应用于物业管理系统，被用于收集用户大数据，分析用户的日常行为模式，从而提供更加个性化的服务内容。

（3）智能决策支持系统在智慧楼宇中的应用

数据库技术在许多领域的应用越来越成熟，基于数据库开发的智能决策支持系统已成为智慧楼宇开发的必备系统之一。

智能决策支持系统是人工智能技术、计算机技术和管理技术相结合，形成的一种全新的信息管理技术系统。其以管理科学、运筹学、行为科学为基础，以计算机技术、信息技术为手段，针对半结构化和非结构化的决策问题，为决策者提供必要的决策数据、信息和资料等，帮助决策者明确决策目标，认识问题，建立

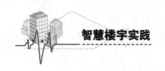

或修订决策模型，提供备选方案与优化方案。

　　智能决策支持系统应用于智慧楼宇中，将有助于现代化管理方法的实施。集成技术的应用使模块化的硬件和软件得以连接和统一管理，使管理人员可以快速地掌握系统全貌，快速地做出正确的决策，或者针对问题提出解决方案。企业引入智能决策支持系统，使控制、管理与决策相结合，从而实现对楼宇的精细化管理，有效地扩展了楼宇智慧化的内容和内涵，提升了管理效率，提高了智慧楼宇建设投资的投入产出比。

第二篇

路 径 篇

第4章

智慧楼宇子系统的建设

　　智慧楼宇是云计算、大数据、人工智能等技术在建筑领域的跨界尝试与实践，也是计算机技术与建筑技术相结合的产物。它不仅能够改善人们的居住环境，提高办公效率和生活质量，还可以节约能源，保护环境。这些需求极大地促进了建筑智能化工程的推广和应用。

　　本章以自动化技术、计算机技术和通信技术为主要内容，以建筑行业为背景，以国家标准 GB 50314-2015《智能建筑设计标准》为依据，重点介绍智慧楼宇各子系统的组成、功能及其在建筑物中的作用。

智慧楼宇由数据化应用系统、智能化集成系统、信息设施系统、建筑设备管理系统、公共安全系统等子系统及其他一些辅助系统构成。

4.1 数据化应用系统

对智慧楼宇而言，数据化应用系统是为满足楼宇的数据化应用功能需要，以智能化设施为基础，由具有专业化业务门类和规范化运营管理模式的多种类信息设备及应用操作程序组合而成的应用系统。

数据化应用系统应为实现建筑环境设施的规范化管理和主体业务高效的数据化运营提供完善的服务。例如，对于通用办公建筑来说，数据化应用系统应满足通用办公建筑的服务和管理要求；对学校而言，数据化应用系统需要包括教学音视频及多媒体教学系统、语音教学系统、图书馆管理系统、教学与管理评估视音频系统、教学业务应用系统等。

根据应用领域的不同，数据化应用系统可以分为通用应用系统、管理应用系统和业务应用系统三类。具体而言，数据化应用系统包括公共服务系统、智能卡应用系统、物业运营管理系统、信息设施运行管理系统、信息安全管理系统等建筑所需要的多门类的应用系统。

目前，在智慧楼宇中已有各种各样的应用系统，随着信息技术的不断发展和数据化应用的持续完善，将会有越来越多且日益完善的应用系统出现。

4.1.1 公共服务系统

公共服务系统具有对建筑物各类公共服务进行数据化管理的功能。该系统能够整合公共数字化资源、管理手段和服务设施，能够同时进行常规管理与应急管理，为常规服务与应急服务提供电子平台，提高常规及应急管理与服务的能力。其中，常规管理包括日常政务／事务信息的收集、整理、归档与分发，以及日常政务／

事务信息的发布、监督、跟踪、反馈与调整等；应急管理则要求公共服务系统在紧急情况、危急状态下，能够监测、收集、处理应急信息形成快速、高效、规范的应急机制，为化解事件与危机提供数据化和高效化的技术支持。

智慧楼宇的公共服务系统包括信息网络系统、电话交换系统、综合布线系统、移动通信室内信号覆盖系统等。

4.1.2 智能卡应用系统

智能卡应用系统应具有身份识别功能，并应具有消费管理、计费管理、票务管理、资料借阅管理、物品寄存管理、会议签到管理等管理功能，以及能够适应不同安全等级的应用模式。

智能卡即集成电路（Integrated Circuit，IC）卡，把微电子技术和计算机技术结合在一起，广泛应用于金融、交通等领域，提高了人们生活、工作的现代化程度。智能卡在智慧楼宇中综合运用的程度是反映楼宇智能化程度的一个重要标志。

智慧楼宇智能卡应用系统通常包括 IC 卡中央管理子系统、停车场智能管理子系统、IC 卡门禁管理子系统、IC 卡考勤管理子系统、IC 卡餐厅消费子系统等子系统。各子系统有各自的数据区和密码及相应的管理软件，可以独立统计与核算。各子系统也能与智慧楼宇的其他系统连通，比如，停车场智能管理子系统有自己的收费管理站，属于停车场综合管理系统，但可通过网络与财务部门交换数据；再如，IC 卡门禁管理子系统，既是综合 IC 卡管理系统的组成部分，又属于安保监控系统，有自己独立的安全管理方式。通过这种模式，各子系统的运行模式既集中又灵活，极大地提高了楼宇智能化的水平和管理的效率。

4.1.2.1 智能卡应用系统的主要设备

（1）读感器

读感器不断发出射频信号，接收从非接触式 IC 卡上返回的识别编码信号，然后将编码信号转换成数字信号，通过电缆线传递到主控电脑。

（2）非接触式 IC 卡

非接触式 IC 卡可接收读感器的微弱的射频信号，并返回预先编好的唯一的识别码。非接触式 IC 卡采用聚脂塑料作为封装材料，IC 卡的封装具有不同的形

式与尺寸，轻便且坚固耐用，适合各种环境。

4.1.2.2 智能卡应用系统的构成及其功能

智能卡应用系统与其各子系统的关系是集散的，与各子系统分别采用不同的接口进行通信协议的处理，并在高速以太网上实现中央监控管理，各子系统可自控及自调节，并不会给彼此增加负载。智能卡应用系统主要包括以下5个子系统。

（1）IC卡中央管理子系统

IC卡中央管理子系统是智能卡应用系统的核心，主要负责系统数据库的建立、管理、维护以及将数据下载到各子系统，并收集、记录和整理从子系统传来的有关数据，与楼宇局域网交换信息。IC卡中央管理子系统具有如下特点。

① 实现一卡多用功能：一张卡可实现消费记账、考勤打卡等功能，极大地提高了使用的方便性。

② 增强智慧楼宇的安全防范能力：门禁控制、巡更管理等功能，为智慧楼宇设置多层安全防范措施，大大加强了安全防范的力度。

③ 增强财务管理的严密性：系统与单位局域网连通，使内部消费及停车场收费等财务管理功能通过安全可靠的电脑及网络设备实现，减少了人为操作的疏忽和漏洞。

④ 加强单位的管理力度：各系统的运作都处于监督下，信息可通过网络被即时查询，方便管理层进行相关决策。

（2）停车场智能管理子系统

停车场智能管理子系统基于分散的多车道中央管理系统原理，各通道可以独立工作，通过网络将信息传送到主控中心，可在线或联网实时通信，终端也可独立工作，终端数据通过网络被定时收集。停车场每层的出入口各设置一个地埋式感应线圈，用来记录每层的进出车辆的信息，并提供车辆引导信息。停车场每层的出入口各设置一台高清晰度摄像机，配合视频捕捉卡实时记录车型和车牌信息，进行车辆出入对比。停车场智能管理子系统具有以下功能。

① 实时监控：监控整个停车场系统设备的运行情况，记录系统的每次交易，并可与智慧楼宇的信息管理中心交换相关数据；同时，还可自动统计各层停车的数量，显示车辆引导信息。

② IC 卡管理：发行、查询、删除、修改 IC 卡信息（包括持卡人信息、卡号、身份证号码、性别、工作部门、车牌号等），管理者也可根据需要注销 IC 卡。

③ 收费管理：可对工作日、假期、特定日期的收费率进行预编制，可采用计时收费、计次收费、免费或按单位时间增加 / 减少收费等不同的收费方式。

④ 报表功能：可自动生成班次报表，汇总收费的月报表、年报表以及车流量报告。

（3）IC 卡门禁管理子系统

IC 卡门禁管理子系统可利用 IC 卡识别人员身份，控制人员在楼宇内的活动。IC 卡门禁管理子系统应具有以下功能。

① 门禁控制：检查卡片的合法性，刷卡后，卡机判断是否为本系统的卡片以及是否有进入的权限。

② 不同模式的工作方式：系统可单机工作，也可联网工作。

③ 监控报警：系统可监控门的状态，门长时间未关或受到非法开启和破坏时可及时报警，也可根据需要挂载红外探头、玻璃破碎探测器等监控设备。

④ 存储记忆：系统的存储芯片可记录人员及门禁出入卡的信息、系统参数及事件信息等。

（4）IC 卡考勤管理子系统

在内部人员的出入口设置一个读感器，员工经过时只需把卡在读感器前轻轻一晃，瞬间就可完成考勤信息的登记，除此，系统还具有以下功能：

① 根据需要灵活设定考勤时间，编排不同员工、不同班次以及节假日等考勤信息；

② 自动记录员工的上班情况，如迟到、早退、加班、缺席等。管理人员可方便地查询指定日期、部门、人员的考勤状况，可定期打印自动分类报表，作为工作表现及薪金计算的依据。

（5）IC 卡餐厅消费子系统

员工卡可作为消费借记卡。餐厅通过 IC 卡餐厅消费子系统对员工进行结账处理并把数据传输到单位局域网由财务部门统一结算。IC 卡餐厅消费子系统具有以下功能。

① 设置消费卡：设定员工卡为消费卡，设定专用标志，建立消费账户。

② 设定消费模式：设定结算输入设备的消费模式，可选记次、固定减额或任

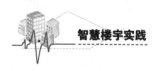

意减额，自动识别消费卡（包括已挂失的员工卡），并将记录保存在智能收款机上。

③ 数据管理和查询：对一定时间内的消费情况进行汇总，并通过单位的局域网将其提供给财务部门。

④ 实时对账和清算：系统支持定期对销售物品和收入进行对账和清算，提高了管理的效率。

4.1.3　物业运营管理系统

物业管理包括对不动产、土地、建筑物、设备、房屋、家具、环境、服务、信息、预算和能源等的管理。物业运营管理系统是智慧楼宇不可缺少的一部分，因为物业运营管理系统的应用不仅可延长相关建筑及物品的使用年限并确保使用功能正常，降低运营费用，还可提供适合用户的各种高效率、低收费的服务，使工作流程规范化和合理化。

一个好的物业运营管理系统可以使物业日常管理变得更加方便，提高物业管理的经济效益和管理水平。为满足智慧楼宇物业管理的需要，物业运营管理系统应包括房产管理系统、住户管理系统、财务管理系统、设备管理系统、保安管理系统、环境卫生与绿化管理系统、物业办公管理系统、四表数据远传及收费管理系统、一卡通停车场自动管理系统等。举例来说，应用房产管理系统，用户可以通过网络登记查询建筑名称、面积、层数等房产登记信息及变更资料。通过住户管理系统，住户可在网上报修与投诉，也可以通过网络查询相关的住户管理资料。为了更好地理解物业运营管理系统的功能及工作原理，下文对四表数据远传及收费管理系统和一卡通停车场自动管理系统进行详细介绍。

4.1.3.1　四表数据远传及收费管理系统

智慧楼宇要求水、电、气和供热的计量表具有远程抄表和数据传送的功能。水、电、气和供热的计量表计量的现场数据通过远程抄表系统采集，再通过传输网络传送到智能化的物业管理中心，实现各户各表数据的自动录入、费用的计算以及收费账单的打印。

该系统改变了传统的居民住宅水、电、气等生活耗能逐月入户、验表、收费的方式，同时也避免了入户抄表扰民和人为读数误差的问题。目前，市场主要有以下两种自动抄表系统。

1. 预付费表自动计量计费系统

这类计量表具主要指投币表、磁卡表、IC 卡表等。该计费系统主要由卡、表具计费控制系统和管理系统组成。其工作过程如下：住户在供电、水、电、气等部门的管理中心开户建档，并预付费用或购卡；住户将卡插入表具的计费控制器，控制器读取卡的数据，卡中金额充足时，控制器接通电气开关或打开阀门，允许住户使用电、水、气；卡中金额不足时，提示住户充值；卡中金额为负时，控制器自动关闭开关或阀门，待卡被充值后再恢复其使用功能。

2. 远程自动抄表系统

远程自动抄表系统主要由数字（脉冲）式水表、电表、气表等计量表具，住户数据采集器，传输系统和管理计算机等设备组成。

在小区远程自动抄表系统中，具有数字或脉冲输出的表具，作为系统前端计量仪表，计量住户的用水量、用电量、用气量、用热量。住户数据采集器实时采集前端仪表的输出数据，并长期保存采集结果。

当物业运营管理系统的管理主机发出读表指令时，住户数据采集器立即向系统传送计量数据。住户数据采集器和物业管理主机采用双方约定的通信协议通信，以确保传输过程数据信息的准确性。管理系统负责计量数据采集指令的发出、数据的接收、计费、统计、查询、打印等，并可根据需要将收费结果分别传送到相应物业部门的管理计算机。

远程自动抄表系统有无线和有线两种方式：无线方式是将数据采集器采集的表数据组成文件夹，然后将其调制到微波波段，经发射机发射，控制中心的接收机接收解调后将数据送入管理计算机；有线方式是数据采集器采集的数据用RS485 总线或其他总线经传输网络传输到控制中心管理计算机。

远程自动抄表系统的数据采集器也可利用现有的网络与控制中心计算机连接传输数据。例如，采集的数据可通过小区的局域网以传输控制协议（Transmission Control Protocol，TCP）/网络之间互联的协议（Internet Protocol，IP）方式传送到控制中心的管理计算机，或通过电力线采用载波的方式传送到控制中心的管理计算机。

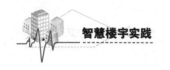

某公司设计的水、电、气、热"四表"智能抄表方案

随着居民生活水平的不断提高，现代化、智能化、舒适化的智慧楼宇及智慧小区建设得到了蓬勃发展，实现水、电、气、热"四表"远程自动抄表、统计、结算，已成为智慧小区应具备的必要功能。

该解决方案有效地解决了远程自动抄表、统计、结算等问题。

1. 系统构成

远程自动抄表系统共分为用户层、数据采集层和管理层三部分。

① 用户层：由冷/热智能水表、智能电表、智能燃气表、热量表、智能温控阀、室内温度控制器等计量仪表及控制设备（阀）组成。

② 数据采集层：由小区（或楼栋）数据集中器和数据采集器组成。

③ 管理层：由小区数据管理平台软件和服务器等组成。

远程自动抄表系统的构成如图4-1所示。

图4-1　远程自动抄表系统的构成

2. 系统拓扑结构

远程自动抄表系统的拓扑结构如图 4-2 所示。

3. 系统功能

远程自动抄表系统功能强大，使用及施工简单方便，具有以下 5 个方面的功能。

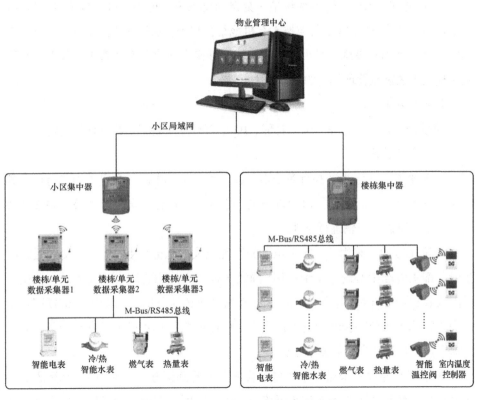

图4-2 远程自动抄表系统的拓扑结构

① 数据采集：实时或按时间间隔采集表计数据，集中器本地存储时间长，容量大。

② 数据查询：包括实时数据及历史数据的查询、告警事件的查询。

③ 统计结算：可根据用户需求，按时段、用户、部门进行分类分项统计、结算，并生成各类图形、报表。

④ 档案管理：对用户档案、设备参数、采集方案、系统权限等进行综合管理。

⑤ 远程控制：包括远程参数设置、远程电费下发、远程系统升级、远程电表跳闸、阀门控制等。

4.1.3.2 一卡通停车场自动管理系统

一卡通停车场自动管理系统是一套自动化系统，可将机械、电子自控设备、图像识别、智能 IC 卡等设备与技术有机地结合起来，通过在小区车行口及地下车库出入口设置相应设施，对小区住户车辆及外来车辆进行有效管理、收费，从而大大减轻小区物业管理部门的工作压力。

1. 系统功能

该系统具备入口管理、出口管理、IC 卡管理和车辆识别及管理等功能。

（1）入口管理

一般来说，住宅小区都有多个出入口，可以将其中的一个设置为车行口，其余作为行人出入口。在车行口设置一进一出的一卡通停车场管理系统，并设置管理工作站，对进出车辆进行管理。

住宅小区通常采用"一车卡位"的管理模式，无论是小区固定车辆还是临时车辆，都由管理中心统一发卡：小区固定车辆的卡片由管理中心发放，一般使用时限较长；临时车辆的卡片为临时卡，在每次进入小区时从自动出卡机领取。考虑到小区的出入口一般都配备安保人员，所以入口处也可以不设发卡设备，而由安保人员负责临时车辆的发卡工作。

车辆必须通过一卡通停车场自动管理系统的确认方可进入小区：小区固定车辆的信息已经被录入管理系统数据库，进入小区时，车辆识别模块经过比对确认后打开道闸；临时车辆领取卡片后，一卡通停车场自动管理系统会通过车辆识别模块对临时车辆信息进行扫描，把扫描所得的信息写入临时卡，然后打开道闸，允许车辆进入小区。

（2）出口管理

出口管理主要是对车辆进行收费：小区固定车辆直接刷卡即可离开小区，系统从其卡中扣费；临时车辆驾车离开小区时，收费工作站管理人员根据车辆型号和停泊时间计算收费，收费完毕打开道闸，临时车辆驶离小区。

2. 硬件组成

一卡通停车场自动管理系统可以采用集中监控模式，并采用感应式 IC 卡控制进出车辆。只有一个出入口的小区，可采用 AKT2000 图像型感应式 IC 卡计算机收费管理系统，整个收费管理系统包括入口部分、出口部分及收费管理处。

（1）入口部分

入口部分主要由入口票箱（内含感应式 IC 卡读卡机、自动出卡机、天线、地感线圈、停车场智能控制器、LED 中文显示屏、对讲分机和专用电源）、自动入口道闸、地感线圈（防砸车）、满位显示牌及彩色摄像机等设备组成。

（2）出口部分

出口部分主要由出口票箱（内含感应式 IC 卡读卡机、天线、地感线圈、停车场智能控制器、LED 中文显示屏、对讲分机和专用电源）、自动出口道闸及地感线圈（防砸车）等设备组成。

小区固定车辆驶出停车场时，设在车道下的地感线圈检测到车辆通过，出口票箱 LED 显示屏提示驾驶人刷卡。驾驶人刷卡后，出口票箱内 IC 卡读卡机通过卡内信息判断其有效性，同时启动出口摄像机，摄录该车辆的图像，收费计算机根据 IC 卡记录信息自动调出入口处所拍摄的对应图像。收费人员对图像进行人工对比，并确认无误后，控制道闸起杆，放车辆出场。

临时车辆驶出停车场时，驾驶人在出口处将 IC 卡交给收费人员，收费人员刷卡后，收费计算机根据 IC 卡记录信息自动调出入口处所拍摄的对应图像，并自动计算应缴费用，出口票箱 LED 收费显示屏显示缴费信息。收费人员对车辆进出图像进行人工对比，并确认收费金额，确认无误后按确认键，道闸起杆，放车辆出场。

（3）收费管理处

收费管理处的设备由收费管理计算机（内配图像捕捉卡）、IC 卡台式读写器、报表打印机、对讲主机及不间断电源系统（Uninterruptible Power System，UPS）组成。收费管理计算机除负责与出入口票箱控制器、发卡器通信外，还负责向报表打印机和 LED 显示屏发出相应的控制信号，同时完成同一卡号的车辆在入口时的车辆图像与出场车辆的图像的比对、车场数据的采集与下载、用户 IC 卡的读写、报表的查询与打印、系统维护和固定车辆卡片发售等工作。

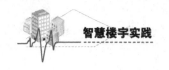

4.1.4 信息设施运行管理系统

4.1.4.1 实施设备全生命周期管理

信息设施运行管理系统将各类信息系统的设施、设备进行统一管理，建立基础台账信息，其中包括设备的名称、编码、型号／规格／材质、单价、供应商、制造厂、对应备件号、采购信息（采购日期、采购单价、保修信息、专业、类型／类别等）。信息设施运行管理系统通过管理采购、入库、维修、借调、领用、分配、定位、折旧、报废、盘点等流程，实现设备的全生命周期管理，简化、规范日常操作；同时，对管理范围内的设备进行评级管理、可靠性管理和统计分析，从而提高管理的效率和质量。

4.1.4.2 提供全面的维修计划管理

信息设施运行管理系统能提供全面的维修计划管理，编制设施／设备的巡检、维修维护计划，设定任务执行人或者组织，并设定任务执行所需要的工具及物料，以及任务执行参考步骤等，准确地预估未来的维修工作需要的资源和费用，有效地跟踪巡检工作，从而降低维修费用，减少停机次数。

4.1.4.3 支持新建应急性维修任务

当楼宇中的设备出现紧急故障时，物业维护人员通过系统的智能化推送及抢单功能可以更高效地处理紧急情况下的设备系统故障，从而解决运行过程中紧急处理过程耗时长、效率低、效果差的问题。

4.1.4.4 实现工单闭环流转

信息设施运行管理系统可以实现工单创建、发送、计划、排程、任务分配、汇报、分析与查询以及统计功能。

4.1.4.5 支持移动端应用

物业维护人员在巡检时携带平板电脑或智能手机，读取设备对应的电子标签或扫描设备条码之后，移动端设备会自动记录电子标签的编码和读取的准确日期和时间，自动提示该设备需做的维修内容。维护人员按维修内容开展工作并记录巡查、检测结果，如果发现设备故障，维护人员可以使用移动端设备记录问题并拍照，然后将其上传至管理平台，系统自动派发内部工单并进行维修处理。

总而言之，智慧楼宇的管理者通过信息设施运行管理系统，可以对信息设施进行全面监测，包括监测设施的运行状况、技术状况、服务质量以及响应时间等，及时发现信息设施存在的问题，提高对异常情况的处理能力以及信息设施的管理、使用效率。

4.1.5 信息安全管理系统

互联网为用户的工作和生活带来了极大的方便，提供了丰富的资讯，但同时也带来了信息安全问题。信息安全管理系统采用防火墙、加密、虚拟专用网、安全隔离和病毒防治等各种技术和管理措施，使网络系统正常运行，以确保经过网络传输和交换的数据不会发生增加、修改、丢失和泄露等现象。

4.2　智能化集成系统

智能化集成系统是个持续演进的概念，由系统集成（Systems Integration，SI）衍生而来，并随着智慧楼宇和系统集成概念的发展而不断演进。

本书的相关概念以 GB 50314-2015《智能建筑设计标准》为准，将智能化集成系统定义为"为实现对建筑物的综合管理和控制目标，基于统一的信息集成平台，实现信息汇聚、资源共享及协同管理的综合应用功能系统。"将 BMS 定义为"为实现绿色建筑的建设目标，对各类建筑机电设施实施优化功效和综合管理的系统。"从系统集成的层次上来看，智能化集成系统存在由 BMS 向

智能设备管理系统（Intelligent Building Management System，IBMS）演变的趋势。

智能化集成系统的层次结构可以分为以下 3 层。

① 最底层：为面向现场设备的纵向集成，实现各弱电子系统（如空调系统、给排水系统、变配电系统、电梯系统）的具体功能。

② 中间层：为面向弱电子系统的横向集成，对各弱电子系统进行联动控制和优化运行，实现相关子系统之间的监控和管理功能集成。

③ 最上层：建立信息集成平台，负责整个系统的协调运行和综合管理。

4.2.1　智能化集成系统的设计

IBMS 是目前比较流行的智能化集成系统，下文以 IBMS 为例，介绍智能化集成系统的设计需求。IBMS 通过统一的软件平台对建筑物内的设备进行自动控制和管理，并为用户提供信息和通信服务，用户可以在该软件平台上获得通信、文字处理、情报资料检索、科学计算、行情查询等服务。

另外，IBMS 还可监控与协调管理建筑物内的所有空调、给排水、供配电设备，以及通风、消防、安保设备，使建楼宇内的用户拥有舒适、安全的环境，使智慧楼宇的功能产生质的飞跃。

IBMS 是在 BMS 的基础上更进一步地与 ITAS、PSS 实现的更高层次的建筑集成管理系统，即建立在"5A"系统集成之上的更高层次的系统集成。该类集成系统由三部分组成：Web 功能的集成化监视平台、监控服务器和协议转换网关。该系统可以完成对整个智慧楼宇的管控一体化工作。

BMS 与 PSS 的联动偏重硬件设施，这些硬件设施联动包括消防系统与空调系统联动、消防系统与闭路电视监控系统联动、消防系统与门禁系统联动、消防系统与照明系统联动、消防系统与电梯系统联动、停车场与闭路电视监控系统联动、照明系统与防盗报警系统联动、门禁系统与防盗报警系统联动等。

ITAS 和 BMS 的联动偏重软件方面。软件联动包括全局事件决策与 BMS 的共享及联动、人事管理与门禁管理系统的共享及联动、人事管理模块与考勤管理模块的共享及联动、考勤管理模块与财务管理模块的联动、出差管理模块与考勤管理模块及财务管理模块的联动、考勤管理模块与电梯／空调／照明／门禁系统之间的联动等。

与其他智慧楼宇系统不同，智能化集成系统更多突出的是集中管理方面的功能，即如何全面实现优化控制和管理，实现节能降耗，从而达到为用户提供舒适、安全环境的目的。

智能化集成系统的特点见表 4-1。

表4-1 智能化集成系统的特点

序号	特点
1	采用标准化的系统互联技术和通信接口，可扩展性强
2	将智慧楼宇内所有的智能化系统集成为唯一的信息集成平台
3	具有开放性，并不依赖于任何一个厂商的产品
4	具有对各智能化系统实现信息采集、数据通信和信息综合处理等能力
5	具有互操作性，可进行相互协作

4.2.2 智能化集成系统的设计需求与设计步骤

作为 IBMS 工程设计中最关键的信息平台，智能化集成系统不仅需要解决多个复杂系统和多种通信协议之间的互联性和互操作性问题，还需要具有极高的开放性和广泛的接入性，以解决用户的二次开发问题。系统的开放性是指通信协议公开，不同厂商的各种设备之间可以实现互联并实现信息交换。开放性所涉及的关键问题是系统所采用的数据交换技术和接口实现技术，常用的数据交换技术和接口实现技术包括 BACnet、Modbus、LonWorks、DericeNet、简单对象访问协议（Simple Object Access Protocol，SOAP）、API、开放数据库互连（Open Database Connectivity，ODBC）、XML 和 HTML 等。

智能化集成系统的构建要求见表 4-2。

表4-2 智能化集成系统的构建要求

序号	要求
1	包括智能化系统信息共享平台的建设和数据化应用功能实施
2	由通用基本管理模块和专业业务运营管理模块配接构成
3	由集成系统网络、集成系统平台应用程序、集成互为关联的各系统的通信接口等组成
4	满足建筑物智能信息集成方式、业务功能和运营管理模式等需求
5	具有建筑主体业务专业需求功能和标准化运营管理应用功能
6	包括安全权限管理、信息集成集中监视、报警及处理，数据统计和存储，文件报表生成和管理、监测和控制，数据分析等

智能化集成系统的数据库系统具有实时数据库和非实时数据库的功能，可实现信息交互和数据库共享，并可将实时数据和非实时数据综合集成到统一的浏览器界面下，访问所有的信息资源，实现构建综合应用功能系统的目标。智能化集成系统的设计步骤如下。

① 合理选择 BMS 各弱电子系统，采用开放的网络及接口技术，把各自独立分离的设备、功能和信息集成到一个相关联的综合网络系统和数据库中，使系统信息得到高效、合理的分配和共享，实现功能联动。

② 根据智能建筑类别和等级确定各智能化系统的设计内容，从而确定网络结构，在充分了解智能建筑监控管理的实际需求和流程的基础上，实现办公自动化、通信自动化，完成资料查询等基本功能，对网络进行规划布置，建立信息服务平台。

③ 利用计算机网络，通过数据库进行数据管理和数据交换，使各智能化系统有机地结合为一体。决策层通过对资源的分析、传递和处理，实现对智能建筑的集成监控和管理。

4.2.3 智能化集成系统设计的技术路径

4.2.3.1 采用协议转换方式

智能化集成系统可采用协议转换方式，把原本独立的智能化系统（如BMS、

ITAS 与 PSS 等）归纳进来。该方式需要的协议转换器是一种开发工具，用户可利用此开发工具对选择的系统或产品进行二次开发和集成。集成的系统或产品只需提供相应的通信协议和信息格式即可。

4.2.3.2 采用开放式标准协议

常用于建筑智能化集成系统设计的有 Ethernet 协议、BACnet 协议等开放式标准协议以及 LonWorks 技术。BACnet 协议针对智能建筑的特点，定义了系统集成所需要的数据结构和网络结构；LonWorks 则是一种完整的、开放式、可操作性强、低成本的分布式控制网络技术，为系统集成提供了很好的设备互联条件。

4.2.3.3 采用OPC技术

用于过程控制的 OLE（OLE for Process Control，OPC）重点解决应用软件与过程控制设备之间的数据读取和写入的标准化问题。当控制设备由 OPC 进行互联时，图形化应用软件、报警应用软件、现场设备的驱动程序均基于 OPC 标准。各应用程序可直接读取现场设备的数据，不需要逐个编制专用接口程序。OPC 将设备的软件标准化，从而使不同网络平台、不同通信协议、不同厂商的产品实现互联和互操作。因此，OPC 技术将是智能化集成系统设计中采用的主要技术。

4.2.4 智慧楼宇的网络传输

要实现智慧楼宇各智能化系统的集成，系统必须将各专用网络、现场总线网络、互联网、电信网、广播电视网有机地连接在一起，实现互联互通、资源共享，为用户提供语音、数据和广播电视等多种服务。这就涉及电信网、广播电视网、计算机网络（即互联网）的三网融合问题。此处的三网融合并不意味着三大网络的物理合一，而主要是指高层业务应用的融合。因此，智慧楼宇的三网融合表现为三网在技术上趋向一致，即网络层上可实现互联互通，业务层上可以相互渗透和交叉，应用层上趋向统一。三网融合不仅使语音、数

据和图像这三大基本业务的界限逐渐消失，也使网络层和业务层的界面变得模糊。通过三网融合，业务层和网络层正走向功能乃至物理上的融合，整个网络正在向下一代的融合网络演进，为实现更高层次的信息集成打下坚实的基础。

在智慧楼宇的网络传输方式中，无线网显然不适用于智慧楼宇，因为在智慧楼宇的建设中，无线传输是作为有线传输的扩展和备份，而不是首选的传输技术。在有线传输方式中，无论采用哪种介质传输，都可以满足传输的需要。

从技术上看，智慧楼宇已经具备了实现三网融合的基础：建筑物的主干均敷设了光纤网，水平子系统包含光纤到桌面的布线系统和水平双绞线，我们只要在视频点旁增加一个数据点，就可以在机房内实现三网融合。目前，部分智慧楼宇已经实现了计算机网络、电信网系统的传输线融合，正在进行的是楼宇自控、一卡通、视频监控的传输线融合。

4.3　信息设施系统

信息设施系统即建筑通信系统。GB/T 50314—2015《智能建筑设计标准》对信息设施系统的定义为：为满足信息通信需求，对建筑内各类具有接收、交换、传输、处理、存储和显示等功能的信息系统予以整合，从而形成实现建筑应用与管理等综合功能的统一及融合的信息设施系统。

信息设施系统为建筑物的使用者和管理者提供了良好的数据化应用基础条件，具有对建筑内外相关的各类信息，予以接收、交换、传输、处理、存储、检索和显示等功能。该系统包括信息接入系统、通信网络系统、电话交换系统、综合布线系统、多网融合系统、无线通信网络、卫星通信系统、有线电视及卫星电视接收系统、公共广播系统、会议系统、信息导引及发布系统、时钟应用系统、信息综合管路系统及其他相关的信息通信系统。

4.3.1 电话交换系统

电话交换系统由终端、传输和交换三类设备组成，如图4-3所示。

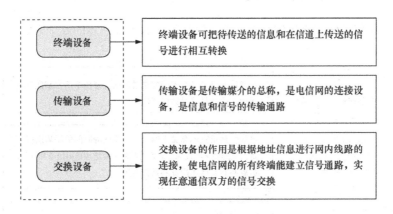

图4-3 电话交换系统的组成

电信网仅有上述设备往往不能形成一张完整的通信网络，还必须包括信令、协议和标准。从某种意义上说，信令是实现网内设备相互联络的依据，协议和标准是相互通信的规则。它们可使用户和网络资源之间，以及各交换设备之间有共同的"语言"，这些"语言"可使网络合理地运行，从而达到全网互通的目的。

4.3.2 有线电视系统

有线电视系统主要由信号源、前端、干线传输系统和用户分配网络组成。信号源向前端提供系统传输的各种信号，这些信号一般包括开路电视接收信号、调频广播信号、地面卫星信号、微波信号以及有线电视台节目信号；前端将信号源送来的各种信号滤波、变频、放大、调制、混合处理后，使其能够在干线传输系统传输；干线传输系统将前端提供的调频信号传输给用户分配网络；用户分配网络把前端传送过来的信号再传送给终端用户。

4.3.3 通信网络系统

4.3.3.1 通信网络系统需满足的基本要求

通信网络系统需满足的基本要求可概括为如图 4-4 所示的 6 个方面。

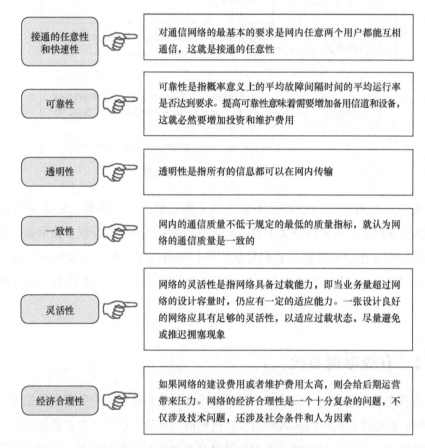

接通的任意性和快速性	对通信网络的最基本的要求是网内任意两个用户都能互相通信，这就是接通的任意性
可靠性	可靠性是指概率意义上的平均故障间隔时间的平均运行率是否达到要求。提高可靠性意味着需要增加备用信道和设备，这就必然要增加投资和维护费用
透明性	透明性是指所有的信息都可以在网内传输
一致性	网内的通信质量不低于规定的最低的质量指标，就认为网络的通信质量是一致的
灵活性	网络的灵活性是指网络具备过载能力，即当业务量超过网络的设计容量时，仍应有一定的适应能力。一张设计良好的网络应具有足够的灵活性，以适应过载状态，尽量避免或推迟拥塞现象
经济合理性	如果网络的建设费用或者维护费用太高，则会给后期运营带来压力。网络的经济合理性是一个十分复杂的问题，不仅涉及技术问题，还涉及社会条件和人为因素

图4-4 通信网络系统需满足的基本要求

4.3.3.2 通信网络的分类

通信网络系统的分类见表 4-3。

表4-3　通信网络系统的分类

分类方法	详细分类	
按地理位置分类	局域网	范围在0～10km，通常采用有线的方式连接
	城域网	范围在10～100km，规模局限在一座城市
	广域网	通常跨跃很大的物理范围，如一个国家
	个人网	范围在0～10m
按传输介质分类	有线网	有线网是指采用同轴电缆和双绞线来连接的计算机网络。其价格便宜，安装方便，但易受干扰，传输速率较低，传输距离短
	光纤网	光纤网是采用光导纤维作为传输介质的网络。光纤传输距离长，传输速率高，抗干扰性强，不会受到电子监听设备的监听，安全性好
	无线网	无线网是指用电磁波作为载体来传输数据的网络
按拓扑结构分类	星形网络	各站点通过点到点的链路与中心站相连
	环形网络	各站点通过通信介质连成封闭的环形
	总线形网络	网络中所有站点共享一条数据通道
按通信方式分类	点对点	数据以点对点的方式在计算机或通信设备上传输
	广播式	数据在共用介质上传输
按使用目的分类	共享资源	使用者可共享网络中的各种设备及资源，如文件、扫描仪、绘图仪、打印机以及各种服务
	数据处理网	该网是指用于处理数据的网络，如计算机网络
	数据传输网	该网是指用来收集、交换、传输数据的网络
按服务分类	客户机/服务器网络	服务器是指专门提供服务的高性能计算机或专用设备，客户机指用户计算机
	对等网	对等网不要求具备文件服务器，每台客户机都可以与其他客户机对话，共享彼此的信息资源和硬件资源

4.3.4　综合布线系统

综合布线系统是智慧楼宇的重要组成部分。它采用一系列高质量的标准

材料，能够以模块化的组合方式将建筑物或建筑群内的语音、数据、图像等进行自动化管理。综合布线系统包括不同系列的部件，如传输介质、线路管理硬件、连接器、插座、插头、适配器、传输电子线路、电气保护设备和支持硬件。

综合布线系统的构成见表4-4。

表4-4　综合布线系统的构成

子系统	说明
工作区（终端）子系统	该系统由信息插座的软线和终端设备连接而成，软线包括装配、连接、扩展软线，信息插座包括墙、地、桌等多种形式
垂直干线子系统	该系统是综合布线系统的中心系统，主要负责连接楼层配线架系统与主配线架系统
水平布线子系统	该系统主要负责将管理子系统配线架的电缆从干线子系统延伸至信息插座的位置，一般来说，这些系统都处在同一楼层
管理子系统	该系统连接各楼层的水平布线子系统和垂直干缆线，负责连接控制其他子系统，可以定位通信线路，便于实现对通信线路的管理
设备间子系统	该系统包括电缆、连接器和相关支撑硬件，负责公共系统间的各种设备连接

4.3.5　无线通信网络

无线通信网络应具有以下特点。

① 安装便捷。无线通信网络最大的优势就是免去或减少了网络布线的工作量，一般只要安装一个或多个接入点设备，就可建立覆盖整个建筑或地区的局域网络。

② 使用灵活。无线通信网络建成以后，在信号覆盖区域内，任何位置都可以接入网络。

③ 经济适用。由于有线网络缺少灵活性，往往需要预设大量利用率较低的信息点，一旦网络的发展超出了设计规划，又要花费较多的费用改造网络，而无线通信网络可以避免或减少以上情况的发生。

④ 易于扩展。无线通信网络能从只有几个用户的小型局域网发展到上千用户的大型网络。

由于无线通信网络具有多方面的优点，因此发展十分迅速。最近几年，无线通信网络已经在很多不适合网络布线的场合得到了广泛应用。

4.3.6 多网融合系统

独立的多网融合系统为三层横向结构，可以兼容各种协议，使末端产品具有可互换性，有利于今后的维护和管理。

"多网融合"，一是指基于 IP 的控制网与信息网的"接入融合"；二是指各个子系统信息间的"内容融合"。基于 IP 是实现接入融合的基础，而要实现内容融合还要由高层管理软件进行系统联动和系统融合。

多网融合具有以下优势。

① 实现长期维护和管理。由于采用了光纤宽带网络，多个小区和建筑以及多个地区的系统都可以由统一的管理中心来管理和维护。

② 方便远程指挥。采用光纤传输，做到光纤到楼或者光纤到户，使远程指挥成为可能。

③ 节约土地资源。在基于 IP 网络的系统中，机房的位置被弱化，不再需要在中心位置设置路由；多个社区也可以组团设置一个机房，从而节约了土地资源。

④ 节省建设投资。采用多网融合技术体系，在增加功能的情况下，并不会随之增加投资。

⑤ 可以方便地建立能源和环境评估体系。基于无线网络传感器技术，多网融合技术架构可以被用于数据采集系统。数据采集系统能够将数据集中传送到分析管理中心，这样就建立了能源和环境评估体系。

4.4 建筑设备管理系统

建筑设备管理系统是打造绿色环保建筑，并针对建筑机电设施及建筑物环境

实施综合管理和优化功效的系统。

4.4.1 建筑设备管理系统的主要功能

建筑设备管理系统的主要特点及功能有：

① 测量、监控机电设备的运转情况，保障设备系统稳定和正常运行，满足节能和环保的要求；

② 采用集散式控制管理系统；

③ 监测楼宇环境参数；

④ 实现楼宇数据共享，提供节能及优化管理所需的信息分析和统计报表；

⑤ 具有良好的人—机交互中文界面；

⑥ 共享公共安全系统的数据信息。

4.4.2 建筑设备管理系统主要监测和管控的设备

建筑设备管理系统主要监测和管控下列设备的运转情况：

① 压缩式制冷机系统和吸收式制冷系统；

② 蓄冰制冷系统；

③ 热力系统；

④ 冷冻水系统；

⑤ 空调系统；

⑥ 变风量系统；

⑦ 送排风系统；

⑧ 风机盘管机组；

⑨ 给排水系统；

⑩ 供配电及照明控制系统；

⑪ 公共场所照明系统；

⑫ 电梯及自动扶梯系统；

⑬ 热电联供系统、发电系统和蒸汽发生系统。

4.5 公共安全系统

公共安全系统是综合运用现代科学技术，为了应对危害建筑物公共环境安全而构建的技术防范或安全保障体系的系统，主要包括火灾自动报警系统、安全技术防范系统和应急联动系统等。公共安全系统主要功能如下：

① 应对火灾、非法入侵、自然灾害、重大安全事故和公共卫生事故等危害人们生命财产安全的突发事件，建立应急及长效技术防范保障体系；

② 火灾自动报警、安全技术防范和应急联动。

第5章

建筑设备管理系统的建设

　　建筑设备管理系统是智慧楼宇不可缺少的重要组成部分。系统采用计算机技术、网络通信技术和自动控制技术，对建筑物或建筑群内的冷源、热源、照明、空调、送排风、给排水等众多分散设备的运行状况、安全状况、能源使用状况及节能情况进行集中监控、管理和分散控制，为用户提供良好的工作环境和生活环境，并保证系统中的各种设备处于最佳的运行状态，从而保证系统运行的经济性和管理的智能化。

5.1　建筑设备自动化系统概述

BAS 是应用前端探测器或执行器、直接数字控制器（Direct Digital Control，DDC）、网络通信技术及计算机控制等设备和技术实现对建筑物内机电设备运行的监视、控制和管理的综合系统，如图 5-1 所示。

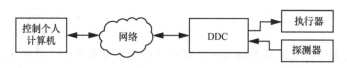

图5-1　建筑设备自动化系统示意

建筑物中的机电设备具有多而散的特点，为方便监控和管理，机电设备按类别和功能可划分为空调监控子系统、供配电设备监控子系统、照明监控子系统、给排水监控子系统等。

建筑设备自动化系统有广义和狭义之分，狭义 BAS 没有火灾自动报警系统和安全防范系统，主要包括电力系统、照明系统、空调系统、给排水系统等的监控系统。

5.1.1　建筑设备自动化集散控制系统

建筑设备自动化集散控制系统又称分布式控制系统（Distributed Control System，DCS），特征是"集中管理，分散控制"，即以分布在现场被控设备处的各种功能性微机（下位机）完成对被控设备的实时监测、保护与控制。该系统避免了计算机集中控制带来的危险性和常规仪表控制功能单一的局限性；安装于中央监控室的中央管理计算机（上位机）提供集中操作、显示与优化控制功能，解决了因常规仪表分散控制而造成的人—机联系困难的问题。集散控制系统的构成如图 5-2 所示。

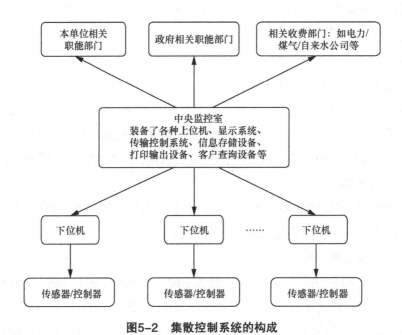

图5-2 集散控制系统的构成

传感器 / 控制器群针对水、电、气、报警、消防等终端设施进行检测与控制（一般根据监控需求按类或按组控制）。

DCS 将多台计算机联合起来，共同承担监测与控制管理的工作，所连接的每台计算机既可以独立进行监测和控制工作，又可以在中央控制机的指导下工作，还可以与其他计算机协调交换信息，共同完成某项控制任务。

1. 中央管理计算机

中央管理计算机（或称上位机、中央监控计算机）设置在中央监控室内，将来自现场设备的所有信息数据集中提供给监控人员，并连接室内的显示设备、记录设备和报警装置等。中央管理计算机是整个 BAS 的核心，相当于人的大脑，其重要性是不言而喻的，所以普通商用个人计算机用作中央管理计算机显然是不合理的。

我们为了提高计算机的可靠性通常采用两种方法：一种是直接采用工业控制计算机；另一种就是采用容错计算机。工业个人计算机（Industrial Personal Computer，IPC）采用了特殊的生产工艺和手段，稳定性是普通商用个人计算机

所无法比拟的。而容错计算机就是采用两台普通个人计算机通过互为冗余备份的方法来充当中央管理计算机的。其好处为一旦其中一台个人计算机出现故障，作为备份的另一台个人计算机可立刻被专用的总线控制电路启动，从而不会导致系统瘫痪。

2. 直接数字控制器（DDC）

DDC（亦称下位机）作为系统与现场设备的接口，通过分散设置在被控设备的附近收集来自现场设备的信息，并能独立监控有关现场设备。其通过数据传输线路与中央监控室的中央管理计算机保持通信联系，接受其统一控制与优化管理。

3. 通信网络

中央管理计算机与DDC之间的信息传送，由数据传输线路（通信网络）实现，较小规模的BAS可以简单地使用屏蔽双绞线作为传输介质。

4. 传感器与执行器

BAS的末端为传感器与执行器，其置于被控设备的传感（检测）元件和执行元件上。这些传感元件（包括温度传感器、相对湿度传感器、压力传感器、流量传感器、电流电压转换器、液位检测器、压差器和水流开关等）将现场检测到的模拟量信号或数字量信号输入DDC，DDC则输出控制信号给继电器、调节器等执行元件，控制现场被控设备。

5.1.2　现场总线技术

集散控制系统还没有从根本上解决系统内部的通信问题和分布式问题，只是自成封闭系统，以固定集散模式和通信约定构成。因此，这种控制系统还很难适应智慧楼宇中种类繁多的设备的检测和控制要求。近年来，专门为实时控制而设计的、能在控制层提供互操作的现场总线技术逐渐成熟，如著名的LonWorks技术。

现场总线网是局域网络技术在控制领域的延伸和应用，其将控制系统按局域网（Local Area Network，LAN）的方式进行构造，用网络节点代替LAN中的工作站，并将其安装于监控现场，直接与各种监控传感器和控制器相连，如图5-3所示。现场总线网中的每个节点间可以实现点到点的信息传输，具有极其良好的互操作性。这样，整个网络实现了无中心的真正的分布式控制。这种网络集数据采集、分析、控制和网络通信为一体，十分适合对智慧楼宇进行分布式网络管理和控制。近年来，楼宇自动化正在向着开放系统的方向发展，在实时控制方面，实现可互相操作的现场总线技术的通信协议如 LonTalk 等也应运而生，为楼宇自动化应用中的传感器、执行器和控制器之间的网络化操作奠定了基础。

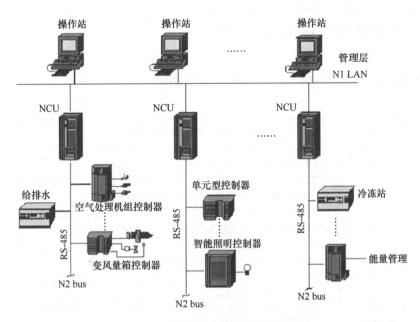

图5-3 现场总线网的系统架构示意

图 5-3 中的节点控制器（Node Control Unit，NCU）是网络控制器，与中央管理计算机间以 N1 总线连接，而 NCU 与下位机（DDC）之间则以 N2 总线（现场总线网）相连接。

5.1.3 直接数字控制器

从某种意义上讲，它是整个 BAS 的关键。"控制器"是指完成被控设备特征参数与过程参数的测量并达到控制目标的控制装置；"数字"的含义是指该控制器利用数字电子计算机来实现功能要求；"直接"意味着该装置在被控设备的附近，无须再通过其他装置即可实现上述全部测控功能。因此，DDC 也是一个计算机，具有可靠性高、控制性能强、可编程等特点。

（1）DDC支持的监控点

DDC能够支持以下不同性质的监控点：

① 模拟量输入（Analogy Input，AI）；

② 数字量输入（Digital Input，DI）；

③ 模拟量输出（Analogy Output，AO）；

④ 数字量输出（Digital Output，DO）。

（2）DDC的主要功能

DDC的主要功能包括如图5-4所示8个方面。

功能1	对第三层的数据采样设备进行周期性的数据采集
功能2	对采集的数据进行调整和处理（滤波、放大、转换）
功能3	对现场采集的数据进行分析，确定现场设备的运行状态
功能4	对现场设备的运行状况进行检查对比，并对异常状态进行报警处理
功能5	根据现场采集的数据执行预定的控制算法，获得控制数据
功能6	通过预定控制程序完成各种控制功能，包括比例控制、比例加积分控制、比例加积分加微分控制、开关控制、平均值控制、最大/最小值控制、焓值计算控制、逻辑运算控制和连锁控制
功能7	向第三层的数据控制和执行设备输出控制和执行命令（执行时间、事件响应程序、优化控制程序等）
功能8	通过数据网关（Digital Gateway，DG）或NCU连接第一层的设备，与各上级管理计算机进行数据交换，向上传送各项采集数据和设备运行的状态信息，同时接收各上级计算机下达的实时控制指令或参数的设定与修改指令

图5-4　DDC的主要功能

DDC几乎拥有BAS所需要的所有功能，基本上可实现所有运作，只是在监控的范围和信息存储及处理能力上有一定限制。因此，DDC可被视为小型的、封闭的、模块化的中央管理计算机。在很小规模、功能单一的BAS中，可以仅使用一到多台控制器完成控制任务；在一定规模、功能复杂的BAS中，可以根据不同区域、不同应用的要求采用一组控制器完成控制任务，并依靠中央管理系统随时监控和调整控制器的运行状态，完成复杂周密的控制操作。

5.2 建筑设备管理系统的子系统介绍

5.2.1 建筑机电设备管理系统

建筑机电设备管理系统利用计算机监控技术对智慧楼宇的机电设备进行实时监控，并在此基础上通过资源的优化配置和系统的优化运行达到节约能源和减少人力成本的目的。

1. 建筑机电设备管理系统的功能

该系统应具有如图 5-5 所示的功能。

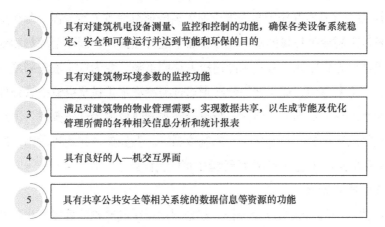

1	具有对建筑机电设备测量、监控和控制的功能，确保各类设备系统稳定、安全和可靠运行并达到节能和环保的目的
2	具有对建筑物环境参数的监控功能
3	满足对建筑物的物业管理需要，实现数据共享，以生成节能及优化管理所需的各种相关信息分析和统计报表
4	具有良好的人—机交互界面
5	具有共享公共安全等相关系统的数据信息等资源的功能

图5-5 建筑机电设备管理系统的功能

2. 建筑机电设备管理系统的监控要求

建筑机电设备管理系统的监控应达到以下要求：

① 监控对象包括冷热源、采暖通风、空气调节、给排水、供配电、照明和电梯等建筑机电设备系统；

② 采集的监控信息应包括温度、湿度、流量、压力、压差、液位、照度、气

体浓度、电量、冷热度等，以及其他建筑设备运行状况的基础物理量；

③ 监控模式应符合建筑设备管理系统的相关标准及要求。

随着智慧楼宇的发展，智慧建筑的数量越来越多，为了实现智慧建筑的有效运行和满足实际建设需求，建筑机电设备管理系统应表现出较强的适用性，从而提升建筑物的设备管理质量。

5.2.2 冷热源系统

5.2.2.1 冷源

在智慧建筑中，冷源主要应用于空气调节、食品冷藏，以及某些低温生产环境中。

1. 常用的制冷方式

中央空调系统中常用的制冷方式主要有压缩式制冷和吸收式制冷两种。

（1）压缩式制冷

低压制冷剂蒸汽在压缩机内被压缩为高压蒸汽后进入冷凝器，制冷剂和冷却水（用来带走制冷剂热量的水）在冷凝器中进行热交换，制冷剂放热后变为高压液体，通过热力膨胀阀，液态制冷剂压力急剧下降，变为低压液态制冷剂后进入蒸发器。在蒸发器中，低压液态制冷剂通过与冷冻水（送至空调空气处理机组用作冷媒的水）热交换而发生汽化，吸收冷冻水的热量成为低压蒸汽，再经过回气管重新被吸入压缩机，开始新一轮的制冷循环。很显然，在此过程中，制冷量即是制冷剂在蒸发器中进行相变时所吸收的汽化潜热。

（2）吸收式制冷

吸收式制冷与压缩式制冷一样，都是利用低压制冷剂的蒸发产生的汽化潜热进行制冷。

2. 两种制冷方式的区别

两者的区别是：压缩式制冷以电为能源，而吸收式制冷则是以热为能源。在大型民用建筑的空调制冷中，吸收式制冷机组所采用的制冷剂通常是溴化锂水溶液，其中水为制冷剂，溴化锂为吸收剂。因此，溴化锂制冷机组的蒸发温度通常不低于 0℃，这也说明溴化锂制冷的适用范围不如压缩式制冷的适用范围广。但是，高层民用建筑空调系统由于要求空调冷水的温度通常为 6℃～ 7℃，因此，溴化锂制冷方式还是可以满足的。

溴化锂吸收式制冷机的基本原理如图5-6所示。冷水在蒸发器内被来自冷凝器减压节流后的低温冷剂水冷却,冷剂水自身吸收冷水热量后蒸发,成为冷剂蒸汽,进入吸收器内,被浓溶液吸收,浓溶液变为稀溶液。吸收器里的稀溶液,由溶液泵送往冷剂凝水热回收装置、低温热交换器、热回收器、高温热交换器后温度升高,最后进入高温再生器,在高温再生器中稀溶液被加热,浓缩成中间浓度溶液,中间浓度溶液经高温热交换器,进入低温再生器,被来自高温再生器内产生的冷剂蒸汽加热,最终成为浓溶液。浓溶液流经低温热交换器,温度降低,进入吸收器,滴淋在冷却水管上,吸收来自蒸发器的冷剂蒸汽,成为稀溶液。在高温再生器内,经外部蒸汽加热溴化锂溶液后产生的冷剂蒸汽,进入低温再生器,加热中间浓度溶液,自身凝结成冷剂水后,经冷剂凝水热回收装置,温度降低,和低温再生器产生的冷剂蒸汽一起进入冷凝器被冷却,经减压节流,变成低温冷剂水,进入蒸发器,滴淋在冷水管上,冷却进入蒸发器的水。

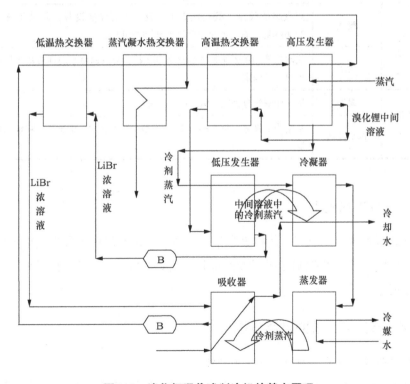

图5-6 溴化锂吸收式制冷机的基本原理

以上循环反复进行，最终达到制取低温冷水的目的。

从溴化锂制冷机组制冷循环可以看出，它的用电设备主要是吸收液泵，电量为 5 ～ 10kW，这与压缩式冷水机组相比是微不足道的。与压缩式冷水机组相比，它只是在能源的种类上不一样（前者消耗矿物能，后者消耗电能）。因此，如果建筑所在地的电力紧张而无法满足空调的要求，溴化锂吸收式冷水机组是一种值得考虑的选择。如果当地的电力系统允许，我们还是应优先选择压缩式冷水机组方案。

5.2.2.2 热源

楼宇的供热方式有两种：一种是集中供热，其热源来自热电厂、集中供热锅炉房等；另一种是由分散在一个单位或一幢建筑物内的锅炉房供热。热源的分类见表5-1。

表5-1 热源的分类

分类方法	类别	说明
按热源性质分类	蒸汽	蒸汽热值较高，载热能力大，且不需要输送设备，其汽化潜热在2200kJ/kg左右，占使用蒸汽热量的95%以上
	热水	热水在使用的安全性方面比蒸汽优越，与空调冷水的性质基本相同，传热比较稳定
按热源装置分类	锅炉	供热用锅炉分为热水锅炉和蒸汽锅炉
	热交换器	从结构上来分，热交换器有3种类型，即列管式、螺旋板式和板式换热器

5.2.2.3 冷热水机组

直燃吸收式冷水机组（简称直燃机）集成了锅炉与溴化锂吸收式冷水机组，可通过燃气或燃油产生制冷所需要的能量。直燃机按功能可分为 3 种形式，如图 5-7 所示。

5.2.2.4 冷热源系统的监测与控制

1. 冷热源系统的监测与自动控制功能

我们通过对冷热源系统实施自动监控，能够及时了解各机组、水泵、冷却塔

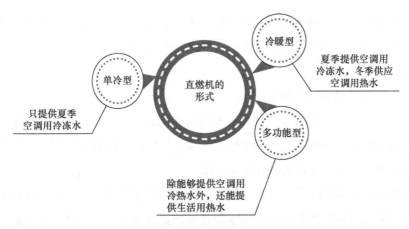

图5-7 直燃机的形式

等设备的运行状态,对设备进行集中控制,并记录其运行的时间,以便于维护;同时还可以从整体上整合空调系统,使之在最佳状态运行。冷热源系统可以控制多台冷水机组、冷却水泵、冷却塔、热水机组、热水循环水泵或其他的冷热源设备有序运行;通过执行最新的优化程序和预定时间程序,达到最大限度的节能效果,减少人工操作带来的误差。

通过冷热源系统的集中监控和报警,相关人员能够及时发现设备的问题,进行预防性维修,从而减少停机时间和设备损耗。

2. 对冷热源系统的监控

智慧楼宇的冷热源系统主要包括冷却水系统、冷冻水系统及热水制备系统。

(1)对冷却水系统的监控

冷却水系统的主要作用是通过冷却塔和冷却水泵及管道系统向制冷机提供冷水。冷却水系统由水泵、管道及冷却塔组成。在对冷却水系统进行监控时应保证冷却塔的风机、水泵安全运行,保证冷冻机组内有足够的冷却水流量,并根据室外气温及冷水机组确定开启台数,调整冷却塔的运行工况,使冷冻机的冷却水进口处的温度保持在要求的范围内。

(2)对冷冻水系统的监控

冷冻水系统的监控对象主要是冷水机组、冷冻水循环泵、冷却塔、冷却水循环泵、换热器、定压补水装置等,主要监测供回水温度、压力、压差、室外温度、太阳照度、流量、冷热量、液位和水流状态。对这些因素进行监控的目的主要是

要保证冷冻机蒸发器通过足够的水量以使蒸发器正常工作；向冷冻水用户提供足够的水量以满足使用要求；在满足使用要求的前提下尽可能地减少水泵耗电，实现节能运行。

（3）对热水制备系统的监控

热水制备系统以热交换器为主要设备，作用是产生生活、空调机供暖用的热水。对这一系统进行监控的主要目的是监测水力工况以保证热水系统的正常循环；控制热交换过程以保证要求的供热水参数。

实际的热交换器可能不止一台，其中，热水供水常用于空调和生活供水等情况。热交换器根据热水循环回路出水温度实测值及设定温度，对热源侧蒸汽／热水回路调节阀开度进行控制，以控制热水循环回路出水温度。

热交换器启动时一般要求先打开二次侧蝶阀及热水循环泵，待热水循环回路启动后再开始调节一次侧蝶阀，否则容易造成热交换器过热、结垢。

5.2.3　空调系统

5.2.3.1　空调系统的组成

空调系统的组成见表5-2。

表5-2　空调系统的组成

序号	部分	说明
1	进风部分	根据人对空气新鲜度的要求，空调系统必须有部分空气取自室外，常称新风。空调的进风口和风管等组成了进风部分
2	空气过滤部分	由进风部分引入的新风，必须先经过一次过滤，以除去颗粒较大的尘埃。空调系统装有预过滤器和主过滤器两级过滤装置。根据过滤效果不同，过滤器大致可以分为初（粗）效过滤器、中效过滤器和高效过滤器
3	空气的热湿处理部分	将空气加热、冷却、加湿和减湿等不同的处理过程组合起来，统称为空调系统的热湿处理部分。热湿处理设备主要有直接接触式设备和表面式设备两种
4	空气的输送和分配部分	将调节好的空气均匀地输送和分配到空调房间内，以保证其合适的温度场和速度场，这是空调系统空气输送和分配部分的任务

（续表）

序号	部分	说明
5	冷热源部分	为了保证空调系统具有加温和冷却能力，空调系统须具备冷源和热源。冷源有自然冷源和人工冷源两种，热源也有自然热源和人工热源两种。自然热源指地热和太阳能，人工热源是指由煤、石油或天然气作为燃料的锅炉所产生的蒸汽和热水

5.2.3.2 空调系统的分类

1.按照空气处理设备的设置情况分类

按照空气处理设备的设置情况，空调系统可分为半集中式空调系统、集中式空调系统和全分散式空调系统。

（1）半集中式空调系统

在半集中式空调系统中，除了集中空调机房外，还有二次设备（又称末端装置）。此外，变风量系统、诱导空调系统以及风机盘管系统也属于半集中式空调系统。

（2）集中式空调系统

集中式空调系统的所有空气处理设备（包括风机、冷却器、加热器、加湿器和过滤器等）都被放在集中的空调机房内。经集中设备处理后的空气，被风道输送至各个空调房间。建筑物中一般采用集中式空调系统，该系统通常被称为中央空调系统。中央空调系统主要由制冷制热设备装置（压缩机、压缩冷凝机组、冷水机组、空调箱、锅炉、喷水室等）、管路（制冷剂管路、冷媒管路、载冷剂管路等）、室内末端设备（室内风管水管、散流器、风机盘管、空调室内机等）、室外设备（室外风管、冷却塔、风冷式冷凝器等）、水泵、控制装置及其附属设备等组成。中央空调系统对空气的处理集中在专用的机房里，对处理空气用的冷量和热源，有专门的冷冻站和锅炉房。

（3）全分散式空调系统

全分散式空调系统也称局部空调机组。这种机组通常把冷源、热源和空气处理、输送设备（风机）集中设置在一个箱体内，形成一个紧凑的空调系统。安装于室内的空调器属于此类机组。它不需要集中的机房，安装方便，使用灵活。通常，我们可以直接将此机组放在需要空调的房间内，也可以将其放在相邻的房间，用短风道将所需空调房间与该房间相连。一般来说，这类系统可以满足不同房间

不同的送风要求，使用灵活，移动方便，但装置的总功率较大。

2. 按照所处理空气的来源分类

按照所处理空气的来源，空调系统可分为循环式系统、直流式系统和混合式系统。

① 循环式系统的新风量为零，冷、热消耗量最小，但空气品质差。

② 直流式系统的回风量为零，全部采用新风，冷、热消耗量大，但空气品质好。

③ 混合系统既能满足空气品质要求，经济上又比较合理，是应用最广的一类集中式空调系统。该系统的所有空气处理设备和送、回风机等都集中设置在空调机房内，空气经处理后由送、回风管道送入空调房间。

3. 根据送风管的套数分类

根据送风管的套数，空调系统可分为单风管式系统和双风管式系统：单风管式系统只能输送一种状态的空气，若不采用其他措施，就难以满足不同房间对送风状态的不同要求；双风管式系统用一条管道输送冷风，另一条管道输送热风，冷热风在被送入房间前进行不同比例的混合，以达到不同的送风状态，之后再被送入房间。

4. 根据送风量的变化分类

根据送风量的变化，空调系统可分为定风量式系统和变风量式系统。

定风量式系统的送风量是固定不变的。当室内负荷减少时，它虽可通过提高送风温度减小送风温差的办法来维持室内的温度不变，但耗能较大。

变风量式系统则采用可根据室内负荷的变化自动调节送风量的送风装置。当室内负荷减少时，它可保持送风参数不变（无须再加热），通过自动减少风量来维持室内温度的稳定。与定风量式系统相比，变风量式系统不仅节省系统再热的能量，而且还可降低风机功率电耗并减少制冷机的冷量。

5.2.3.3　空调机组的监控

空调设备包括新风机组、空气处理机组、风机盘管、定风量系统等。由于使用条件和功能需求不同，同一种设备在不同的情况下从结构到配置均有所不同。下面我们介绍目前我国常用的定风量空气处理机组的监控原理。

由于不同场合对空调机组的结构、组成和功能的要求各有不同，因此空调机组有多种样式。我们通过对有代表性的空调机组的监控系统进行分析，以期对空调机组基本的控制功能有一个全面清晰的认识，从而为其他各种类型的空调机组的监控系统的设计和工程问题的处理奠定基础。

1. 定风量空调机组的运行参数与状态监控

定风量空调机组的运行参数与状态监控说明见表5-3。

表5-3 定风量空调机组的运行参数与状态监控说明

序号	测量参数	状态监控说明
1	室外/新风温度	取自安装在室外/新风口上的温度传感器，采用室外/风管空气温度传感器
2	室外/新风湿度	取自安装在室外/新风口上的湿度传感器，采用室外/风管空气湿度传感器
3	过滤网两侧压差	取自安装在过滤网上的压差开关输出，采用压差开关监测过滤网两侧压差
4	送/回风温度	取自安装在送/回风管上的温度传感器，采用风管式空气温度传感器
5	送风风速	取自送风管上的风速传感器，采用风管式风速传感器
6	防冻开关状态	取自安装在送风管表冷器出风侧的防冻开关输出（只在冬天气温低于0℃的北方地区使用）
7	送/回风机运行状态	取自送/回风机配电柜接触器辅助触点，也可通过监测点在风机前后的压差开关处监测
8	送/回风机故障监测	取自送/回风机配电柜热继电器辅助触点
9	送/回风机启停控制	从DDC的DO输出到送/回风机配电箱接触器控制回路进行测量，以监控启、停的状态
10	新风口风门开度控制	从DDC的DO输出到新风口风门驱动器控制输入点进行测量，以控制其开度比例
11	回风/排风风门开度控制	从DDC的DO输出到回风/排风风门驱动器控制输入点进行测量，以控制其开度比例
12	冷/热水阀门开度调节	从DDC的AO输出到冷/热水二通调节阀阀门驱动器控制输入口进行测量，以控制其开度比例
13	加湿阀门开度调节	从DDC的AO输出到加湿二通调节阀阀门驱动器控制输入口进行测量，以控制其开度比例

2. 定风量空调机组的自动控制

定风量空调机组的自动控制内容主要有：

① 空调回风温度的自动调节；

② 空调机组回风湿度调节；

③ 新风电动阀、回风电动阀及排风电动阀的比例控制。

3. 定风量空调机组的连锁控制

定风量空调机组的启动顺序：新风风门、回风风门、排风风门、送风机、回风机、冷 / 热水调节阀、加湿阀。

定风量空调机组的停机顺序：加湿阀、冷热水调节阀、送风机、新风风门、回风风门、排风风门。

4. 定风量空调机组的运行与节能控制

（1）定风量空调机组的温度调节与节能策略

定风量空调机组的节能以回风温度作为被调参数，DDC 计算回风温度与给定值比较所产生的偏差，按照预定的调节规律输出调节信号，控制空调机组冷 / 热水阀门的开度，从而控制冷 / 热水量，使空调区域的温度保持在设定值。通常情况下，夏天的空调温度低于 28℃，冬天则高于 16℃。

另外，室外温度是对上述调节系统的一个扰动量，为了提高系统的控制性能，可把新风温度作为扰动信号加入调节系统，采用前馈补偿的方式消除新风温度变化对输出的影响。

（2）空调机组回风湿度调节

空调机组回风湿度调节与回风温度的调节过程基本相同，即把回风湿度传感器测量的回风湿度送入控制器，与给定值比较会产生偏差，DDC 根据这个偏差按程序指令规律调节加湿电动阀开度，将空调房间的相对湿度控制在设定值。

（3）新风风门、回风风门及排风风门调节

按照回风和新风的焓（热力学系统中的一个能量参数）值比例以及空气质量检测值对新风量的需要量控制新风门和回风门的开度比例，空调系统会在最佳的新风、回风比状态下运行，以达到节能的目的。

（4）过滤器压差报警

空调系统用压差开关测量过滤器两端压差，当压差超限时，压差开关自动报警，表明过滤网两侧压差过大，过滤网积灰积尘，堵塞严重，提醒工作人员进行清理或清洗。

（5）机组的防冻保护

空调系统采用防冻开关监测表冷器出风侧温度，当温度低于 5℃时防冻开关自动报警，表明室外温度过低，同时，系统关闭风门和风机，不让换热器温度进一步降低。

（6）空气质量的控制

为保证空调区域的空气质量，我们应选用空气质量传感器，当房间中二氧化碳、一氧化碳浓度升高时，传感器可输出信号到 DDC，DDC 则输出控制信号，控制新风风门开度，以增加新风量。

（7）空调机组的定时运行与设备的远程控制

空调控制系统能够依据预定的运行时间按时启停空调机组，并可对设备进行远程开关控制，也就是在控制中心实现对空调机组的现场设备的远程控制。

5.2.4 给排水监控系统

给排水监控系统是智慧楼宇必不可少的重要组成部分之一，其主要功能是通过计算机控制及时调整系统中运行的水泵台数，达到供水量和需水量、来水量和排水量之间的平衡，实现泵房的最佳运行状态，实现高效率、低能耗的最优化控制。BAS 给排水监控系统的监控对象主要是水池、水箱的水位和各类水泵的工作状态，例如，水泵的启 / 停状态、水泵的故障报警以及水箱高低水位的报警等。这些信号可以用文字及图形显示、记录和打印。在通常情况下，智慧建筑的给排水系统包括生活给水系统、生活排水系统和消防给水系统，这几个系统都是建筑设备管理系统重要的监控对象。由于消防给水系统与火灾自动报警系统、消防自动灭火系统关系密切，国家技术规范规定消防给水应由消防联动控制系统统一控制管理，因此，消防给水系统由消防联动控制系统进行控制。本节主要讨论生活给排水系统。

5.2.4.1 生活给水系统

生活给水系统是智慧楼宇必不可少的重要组成部分。写字楼、会展中心、星级宾馆、医院等智慧楼宇除了有冷水供水系统外，还有生活热水供水系统。生活

给水系统主要是对给水系统的状态、参数进行监测与控制，保证系统的运行参数满足楼宇的供水要求。

现代楼宇一般较高，城市管网中的水压有时难以满足用水要求，除了楼宇的下边几层可由城市管网供水外，其余各层均需加压供水。由于供水高度增加，直接供水时低层的水压将过大，过高的水压对设备的日常使用和维修管理均不利，为此必须合理地进行竖向分区供水。

1. 智慧楼宇中常见的生活给水系统

根据楼宇给水要求、高度和分区压力等情况进行合理分区，智慧楼宇中的生活给水系统常见的给水方式有以下 3 种，具体见表5-4。

表5-4   智慧楼宇中的生活给水系统的给水方式

序号	给水方式	说明
1	高位水箱给水方式	在楼宇的最高楼层设置高位供水水箱，用水泵将低位水箱的水输送到高位水箱，再通过高位水箱以重力向给水管网配水，将水输送到用户家中；系统可对楼顶水池（箱）的水位进行监测、高/低水位超限时报警、根据水池（箱）的高/低水位控制水泵的启/停、监测给水泵的工作状态和故障等
2	气压罐压力给水方式	水泵—气压水箱给水系统是用气压水箱代替高位水箱，气压水箱可以集中于地下室水泵房内
3	水泵直接给水方式	自动控制的多台水泵并联运行，根据用水量的变化，启/停不同水泵来满足用水的需求，如采用计算机控制则更理想

2. 生活给水监控系统的功能

生活给水监控系统的功能介绍如下。

（1）生活泵启/停控制

生活泵启/停由水箱和蓄水池水位自动控制。生活水箱设有 4 个水位，即溢流水位、最低报警水位、生活泵停泵水位和生活泵启泵水位。DDC 根据水位开关送入的信号来控制生活泵的启/停；当高位水箱液面低于启泵水位时，DDC 送出信号自动启动生活泵投入运行；当高位水箱液面高于停泵水位或蓄水池液面达到停泵水位时，DDC 送出信号自动停止生活泵运行。当工作泵发生故障时，备用泵自动投入运行，自动显示水泵启/停状态。

（2）检测及报警

当高位水箱（或蓄水池）的液面高于溢流水位时，自动报警；当液面低于最低报警水位时，自动报警。蓄水池达到最低报警水位并不意味着水池无水，为了保障消防用水，蓄水池必须留有一定的消防用水量。

（3）累计设备的运行时间、用电量

累计设备运行时间的统计可为定时维修提供依据。系统可根据每台泵的运行时间自动确定其是作为工作泵还是备用泵。对于超高层楼宇，由于水泵运程限制，工作人员可使用接力泵及转水箱。

5.2.4.2 生活排水监控系统

楼宇的生活排水监控系统的功能见表 5-5。

表5-5 楼宇的生活排水监控系统的功能

序号	功能
1	对污水集水坑（池）和废水集水坑（池）的水位进行监测及超限报警
2	根据污水集水坑（池）与废水集水坑（池）的水位，控制排水泵的启/停
3	对排水泵的运行状态进行检测以及发生故障时自动报警
4	统计运行时间，为定时维修提供依据，并根据每台泵的运行时间自动确定其是作为工作泵还是备用泵

楼宇生活排水系统通常由水位开关和 DDC 组成。我们可在污水集水坑（池）中设置液位开关，分别检测停泵水位（低）、启泵（高）水位及溢流报警水位。DDC 根据液位开关的监测信号控制排水系统的启 / 停，当集水坑（池）的液面达到启泵（高）水位时，DDC 自动启动污水泵，排出集水坑的污水，集水坑（池）的液面下降。当集水坑（池）液面降到停泵（低）水位时，DDC 送出信号自动关闭排水泵。如果集水坑（池）的液面达到启泵（高）水位时，水泵没有及时启动，集水坑水位继续升高达到最高报警水位时，系统发出报警信号，提醒值班工作人员及时处理，同时启动备用水泵。

5.2.5 供配电系统

供配电系统对由城市电网供给的电能进行变换处理、分配，并供楼宇内的各

种用电设备使用。它是智慧楼宇最重要的能源供给系统，也是智慧楼宇的命脉，因此，对供配电系统的监控和管理是至关重要的。

1. 供配电系统的监控对象

智慧楼宇供配电系统主要用来监控供配电设备和备用发电机组的工作状态，系统一般包括以下 4 个部分：

① 高／低压进线、出线与中间联络断路器状态检测和故障报警设备，电压、电流、功率因数的自动测量、自动显示及报警装置；

② 变压器二次侧电压、电流、功率、温升的自动测量、显示及高温报警设备；

③ 直流操作柜中交流电源主进线开关状态监控设备，直流输出电压、电流等参数的测量、显示及报警装置；

④ 备用电源系统，包括发电机启动及供电断路器工作状态的监控与故障报警设备，电压、电流、有功功率、无功功率、功率因数、频率、油箱油位、进口油压、冷却出水水温和水箱水位等参数的自动测量、显示及报警装置。

2. 供配电系统的监控内容

电力供应监控装置根据检测到的现场信号或上级计算机发出的控制命令产生开关量输出信号，通过接口单元驱动某个断路器或开关设备的操作机构来实现供配电回路的接通或分断，上述控制的实现，通常应包括以下内容：

① 高、低压断路器，开关设备按顺序自动接通、分断；

② 高、低压母线联络断路器，按需要自动接通、分断；

③ 备用柴油发电机组及配电瓶，开关设备按顺序自动合闸，转换为正常供配电方式；

④ 大型动力设备，定时启动、停止并进行顺序控制；

⑤ 蓄电池设备，按需要自动投入及切断。

另外，供配电系统除了具有上述保证安全、控制正常供配电的功能外，还能根据监控装置中计算机软件设定的功能，以节约电能为目标，管理系统中的电力设备，主要包括：对变压器运行台数的管理，对合约用电量经济值的管理，以及对功率因数补偿的管理和对停电复电的节能管理。

3. 基于智能化技术的供配电系统

供配电系统作为建筑物的核心设备，要求具备高自动化、高可靠性特点，基于智能化技术的供配电系统可满足现代建筑物高效、安全的要求。通常而言，基于智能化技术的供配电系统应具有监测功能和控制功能，具体说明如下。

（1）监测功能

每一台断路器或接触器的运行／故障状态在监控计算机的大屏幕监视器上用不同的图标和颜色表示：接通时，断路器的图标为接通状态，且显示红色；分断时，断路器的图标为分断状态，且显示绿色；出现短路或过载脱扣等故障时，图标为分断状态，且显示黄色，同时有声音报警和文字提示，方便值班工作人员及时处理故障。

对于中压配电柜中的断路器，屏幕上还可显示接地故障信号、断路器位置信号、弹簧储能状态信号、自动／手动状态信号和控制回略断线信号等信号。对于其他需要监测的设备，应急照明系统电源等也有相应的状态显示。

基于智能化技术的供配电系统的监测功能说明见表5-6。

表5-6 基于智能化技术的供配电系统的监测功能说明

序号	监测功能	说明
1	运行参数的监测	配电系统对主要运行参数，如电压、电流、频率、变压器温度、有功功率、无功功率、功率因数、有功电能和无功电能等，以及直流屏、柴油发电机等其他设备的运行参数进行自动测量和记录。在监控计算机的大屏幕监视器上的相应位置显示出这些参数的实时变化值，并按要求定时记录存盘。当这些参数的值超出允许范围时，屏幕上会自动出现文字提示及声光报警，提示工作人员及时处理
2	用电量远程自动监测	对每个用户和负荷的用电量进行连续的自动测量和记录，自动进行分时计费并形成电费报表。用户和负荷的用电量计量结果可以用表格、负荷曲线或饼形图的形式供工作人员和用户查询和分析，如发现某个用户的用电量异常增多，可立即进行查询，探明原因，防止电能的损失和浪费
3	电能质量的监测	对于一些对电能质量要求较高的用户还应监测相关的电能质量参数：监测电网或回路的电压、电流的谐波总量和各次谐波的数量；监测和记录极其短暂的瞬变故障和瞬态过程，如电压凹陷、电压不平衡度、频率变化、电压骤升、电压中断、电压波动、雷电波、放电、浪涌电流或启动电流等扰动；根据预设的条件或监控计算机发出的指令，捕捉预先设定的周期数或时间长度的电压／电流的稳态或瞬态过程波形

（续表）

序号	监测功能	说明
4	故障报警事件的监测	配电系统运行过程中一旦发生故障，如断路器出现短路或过载脱扣、进线掉电、变压器超温或运行参数超限等，智能化供配电系统应立即发出声光报警并打印输出。这时，按照故障报警处理优先的原则，不管监控计算机原来显示的是什么图形界面，都应能立即自动切换到出现故障的图形界面上

（2）控制功能

① 断路器／接触器的通断控制。根据我国的实际情况，10kV 中压配电系统的设备通常采用现场人工控制操作的模式，较少进行远程／自动操作，也就是"只监不控"。但基于智能化技术的供配电系统应该具有远程控制中压配电系统设备的能力，若用户需要可以开通该功能，在已完成的工程项目中也有远程控制中压真空断路器通／断这样的实例。控制功能的实现方式有 4 种，具体说明见表 5-7。

表5-7　通断控制功能的方式

序号	方式	说明
1	手动操作	操作人员可通过断路器的操作手柄（或按钮）手动接通或断开断路器，无电动操动机构的断路器只能手动操作，而有电动操动机构的断路器在控制电源失电时，也只能用这种方法操作
2	电动操作	操作人员在配电柜上可直接通过按钮控制电动操动机构，接通或断开相应的具有电动操动机构的断路器
3	远程操作	操作人员只需在监控计算机的屏幕上单击或在触摸式操作面板上触摸断路器接通／断开的按钮图标，即可远程控制有电动操动机构的断路器的通／断。对于没有电动操动机构但装有分励脱扣线圈的断路器，可远程将其接通，也可远程分断
4	自动控制	当有自动控制的要求时，断路器接通或分断由可编程控制器按照程序的规定自动执行，无须人工干预

② 进线失电故障的自动应急处理。当 400V 低压配电系统出现进线失电故

障时，基于智能化技术的供配电系统可以自动进行应急处理，具体处理方式见表5-8。

表5-8 进线失电故障的自动应急处理

序号	故障情形	说明
1	双路供电时进线失电故障	双路供电时，若有一路进线失电，延时规定的时间（该时间可事先确定也可通过监控计算机修改）后，系统自动断开失电的这路进线断路器，按通联络断路器，自动转换成单路供电，然后自动检测该路进线的电流，若电流超过变压器二次侧的额定电压，则按照事先设定的用户优先权顺序将优先权低的用户依次断开，直至变压器不超负荷，从而保证对重要用户的连续可靠供电
2	单路供电时进线失电故障	单路供电时，系统将自动断开该路的进线断路器，然后将另一路进线断路器自动接通，保证供电的连续性
3	复杂系统自动投切	对于由多台变压器通过母线联络开关连接成的较复杂的低压配电系统，基于智能化技术的供配电系统仍可按照规定的连锁关系自动进行相应的自动投切应急处理

5.2.6 照明系统

在智慧楼宇中，照明用电量占了楼宇总用电量的很大一部分，仅次于空调用电量。如何做到既保证照明质量又节约能源，是照明系统控制的重要内容。在智慧楼宇中，不同用途不同区域对照明有不同的要求，因此，应具备根据使用的性质及特点，对照明设施进行不同控制的功能。

1. 照明系统的监控范围

照明系统的监控范围包括楼宇各层的照明配电箱、应急照明配电箱以及动力配电箱等。照明系统的监控任务主要有两个：一是为了保证楼宇内各区域的照度及视觉环境而对灯光进行控制，通常采用定时控制、合成照度控制等方法来实现；二是以节能为目的，对照明设备进行控制。

2. 照明控制方式

照明控制方式见表5-9。

表5-9　照明控制方式

序号	控制方式	说明
1	翘板开关控制方式	这是以翘板开关控制灯具的控制方式，设计时可以配合使用者的要求随意布置，开关一般设置在房间的出入口
2	断路器控制方式	这是以断路器控制灯具的控制方式。此方式控制简单，投资少，但由于控制的灯具较多，大量灯具同时开关，在节能方面效果很差，又很难满足特定环境下的照明要求，因此，在智慧楼宇中应尽可能避免使用
3	定时控制方式	这是利用楼宇设备管理系统的接口，通过控制中心来实现的方式，但这种方式太机械，遇到天气变化或临时更改作息时间就比较难以适应，需要通过改变设定值才能实现，非常麻烦
4	光电感应控制方式	这是通过测定工作面的照度，与设定值比较来控制照明开关的方式，这种方式有助于使用者最大限度地利用自然光，达到节能的目的
5	智能控制方式	智能控制方式应满足以下要求：一是依据照明设备组的时间程序将楼宇内的照明设备分为若干组别，通过时间区域程序设置菜单，来设定这些照明设备的启/闭序；二是当楼宇内有事件发生时，照明设备的联动功能需要照明各组做出相应的联动配合；三是照明区域控制系统的核心是DCS分站，一个DCS分站所控制的规模可能是一个楼层的照明或是整座楼宇的装饰照明，区域可以按照地域来划分，也可以按照功能来划分

3. 智慧楼宇智能照明控制系统应具备的功能

一个良好的办公光环境，必须满足使用者的眼睛生理需求和良好的心理感受。保持足够的照度和亮度视觉，可以提高员工的工作效率，特别对于现在电脑办公的时代，对于照明质量有着更高的要求；现代智慧楼宇还要考虑节约能源和降低运行费用，同时便于操作和管理，提高楼宇的管理水平。

智慧楼宇智能照明控制系统应实现楼宇照明系统的远程监控、节能管理，从管理和节能两个角度对照明系统等进行全方位、精细化节能控制和管理，提高楼宇照明的科学管理水平。

因此，一个优秀的智慧楼宇照明控制系统应具备如图5-8所示的功能。

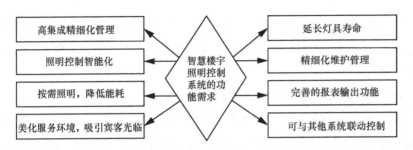

图5-8　智慧楼宇照明控制系统的功能需求

（1）高集成精细化管理

我们可以利用云技术、物联网及综合节能技术把楼宇各个区域照明设备全部接入统一平台管理，对每一盏灯进行全方位、精细化、智能化节能管控，建设成节能、管理、控制、运营、维护一体化的智慧照明系统。

（2）照明控制智能化

我们可以预设任意时段的开关灯计划，可使楼宇照明系统工作在全自动状态，系统根据预先设定的时间自动地在各种工作状态之间转换。

例如，上午来临时，系统自动将灯调暗，而且光照度会自动调节到人们视觉舒适的水平；

在靠窗的区域，系统智能地利用室外自然光，当天气晴朗，室内灯会自动调暗；

天气阴暗，室内灯会自动调亮，以始终保持室内设定的亮度（按预设定要求的亮度）；

当夜幕降临时，系统将自动进入"傍晚"工作状态，自动地极其缓慢地调亮各区域的灯光。

管理人员还可用手动控制面板，根据一天中的不同时间、不同用途精心地预设置灯光的场景，使用时只需调用预先设置好的灯光场景，随意改变各区域的光照度，使客人产生新颖的视觉效果。

（3）按需照明，降低能耗

系统可综合光照度和多种传感器上传的信息，按需合理调配不同区域灯具的用电量，使功率密度与区域需求达到良好匹配，实现按需照明，降低能耗。我们可根据不同日期、不同时间按照各个功能区域的运行情况预先设置光照度，不需要照明的时候，系统保证将灯关掉；在大多数情况下，很多区域其实不需要把灯

全部打开或调节亮度，智能照明控制系统能用经济的能耗提供舒适的照明；系统能保证只有当必需的时候才把灯点亮，或达到所要求的亮度，从而大大降低了智慧楼宇的能耗。

（4）美化服务环境，吸引宾客光临

好的灯光设计能营造出一种温馨、舒适的环境，增添其艺术的魅力。人员对智慧楼宇的第一印象是其大堂接待区域，高雅别致的光环境可给予人员一种宾至如归的感觉，增添人员对楼宇的好感，亲切而又温馨。

多功能办公楼内包括餐厅、会议室、多功能厅等，利用灯光的颜色、投射方式和不同明暗亮度可创造出立体感、层次感，不同色彩的环境气氛，不仅使人员有个舒适的居住环境，而且还可以产生一种艺术欣赏感。

（5）延长灯具寿命

系统可抑制电网的冲击电压和浪涌电压，使灯具不会因上述原因而过早损坏。

我们可以通过系统人为地确定电压限制，提高灯具寿命。同时，我们在系统中运用软启动和软关断技术，可避免灯丝的热冲击，使灯具寿命进一步得到延长。通常而言，智能照明控制系统能成功地延长灯具寿命 2 ~ 4 倍。

（6）精细化维护管理

智能照明控制系统有助于智慧楼宇的精细化维护管理，具体内容包括：自动预警、报警功能（短信和邮件），准确故障报修，实时设备状态的监测和智能诊断；实现灯具的预维护，使得路灯时刻保持在工作状态；配合电子地图系统及导航指引，可明显减少因现场巡检的效率低下和由此带来的能源消耗与 CO_2 的排放，实现对故障灯具的快速处理；系统自动对管护质量进行评定；漏电检测。

（7）可与其他系统联动控制

智能照明可与其他系统联动控制，例如 BA 系统、监控报警系统。当发生紧急情况后，可由报警系统强制打开所有回路。

5.2.7　电梯监控系统

电梯是现代楼宇内主要的垂直交通工具。电梯不但是楼宇内最频繁使用的设备，也是关系人身安全的重要设备。楼宇内有大量的人流、物流的垂直输送，因此要求电梯实现智能化。电梯监控系统将带有完备控制装置的电梯与建筑设备管理系统相连接，可实现相互间的数据通信，使管理中心能够随时掌握各部电梯的运行状况，并在火灾、安保等特殊场合直接控制其运行。大型智慧楼宇中，常常安装许多部电梯，若电梯都各自独立运行，则不能提高运行效率。为减少资源浪费和提高运行效率，管理者必须根据电梯数和高峰客流量，综合调配和管理电梯的运行，即电梯群控。

1. 对电梯监控系统的要求

电梯一般由轿厢、曳引机构、导轨、对重、安全装置和控制系统组成。对电梯系统的要求是：安全可靠，启、制动平稳，感觉舒适，平层准确，候梯时间短和节约能源。启动加速段和减速制动段应均呈抛物线、中间为直线，因为当电梯加速上升或减速下降时，人会产生超重感；当电梯加速下降或减速上升时，则会产生失重感。一般人对失重的感觉比对超重的感觉更加不适。

按驱动电动机的电源，电梯分为直流电梯和交流电梯两大类：直流电梯由直流电动机拖动，由于直流电动机存在换向器和电刷，维修保养工作量大，而且体积、质量和成本都比同容量的交流电梯大；交流电梯由结构简单、成本低廉和维修方便的异步电动机拖动，采用计算机控制的变频调速系统，既可以满足电梯运行速度的要求，又可以节约能源。

2. 电梯监控系统的功能

电梯监控系统的功能见表5-10。

表5-10 电梯监控系统的功能

序号	功能	描述
1	时间程序设定及状态监控报警	系统按时间程序设定的运行时间表启/停电梯，监控电梯运行状态、故障及紧急状况；可自动监控电梯启/停状态、运行方向、所处楼层位置等，并将结果传输至DDC，并在上位计算机上动态地显示出来
2	电梯群控管理	电梯群控系统能对运行区域进行自动分配，自动调配电梯至运行区域的各个不同区段。各区域可以随时变化，位置与范围均由各部电梯通报的实际工作情况确定，以满足大楼各处不同停站的需求

（续表）

序号	功能	描述
3	配合安全技术防范系统协同工作	系统根据安保级别自动行驶至规定楼层，并对轿厢门实行监控；当发生火灾时，各部电梯直驶首层，放客后自动切断电源

5.3 建筑设备管理系统的设计

近几年，我国经济快速发展，固定资产投资与规模不断提高，智慧楼宇不断兴建，这些楼宇都要求有建筑设备管理系统对其运行管理提供保障。建筑设备管理系统设计的主要目的是将建筑物内各种机电设备的信息进行分析、归类、处理、判断，采用最优化的控制手段并结合现代计算机技术对各系统设备进行全面有效的监控和管理，使各子系统设备始终在有条不紊、协同一致的高效、有序状态下运行，确保楼宇始终具有舒适和安全的环境，并尽量降低能耗和日常管理的各项费用，保证系统安全、有效、节能地运行。

5.3.1 建筑设备管理系统的设计原则

建筑设备管理系统的设计原则见表 5–11。

表5–11 建筑设备管理系统的设计原则

序号	原则	描述
1	开放性	选用可以在不同设备之间互联、兼容的产品
2	一体化整合性	充分考虑水、电、公共安防等系统的诉求，争取使用多项技术融合的产品
3	可扩展性	根据受控设备的分布，编制监控设备点数表和配置表，并考虑适当的冗余度，便于后期扩展

（续表）

序号	原则	描述
4	技术适用性	为了延长建筑物及其设备的使用寿命，尽量采用国际上先进的、成熟的、实用的技术和设备
5	可靠性	系统必须具有保证可靠运行的自检试验与故障报警功能
6	节能环保性	在规划、设计中必须强化节能意识，把能源供应管理及节能控制列为主要内容

5.3.2 建筑设备管理系统的设计流程

建筑设备管理系统的设计贯穿于建筑电气设计的始终，在民用建筑电气设计的方案及初步设计阶段，应结合工程需求充分考虑建筑设备管理系统的设计方案。原则上，方案设计文件应满足编制初步设计文件的需要，初步设计文件应满足编制施工图设计文件的需要，施工图设计文件应满足设备材料采购、非标准设备制造和施工的需要（如设计说明、系统图、平面图、材料表等）。通常，设计单位对建筑设备管理系统的设计包括在弱电设计或总的电气设计中，而工程承包方的二次深化设计有时仅包括建筑设备管理系统的单项设计。下面我们介绍具体到各个阶段的设计内容。

1. 方案设计阶段

建筑设备管理系统的设计文件主要为设计说明书，包括在电气或智能化系统总说明中阐述设计范围及建筑设备管理系统的设计标准，并说明建筑设备管理系统设计包含的内容，当建筑设备管理系统完成系统集成时，应说明集成的内容。

2. 初步设计阶段

建筑设备管理系统的设计内容包括设计说明书、图纸目录、系统图、平面图、主要设备材料表。在设计说明书中，设计依据主要包括建筑概况、相关专业提供给本专业的工程设计资料、建设方提供的有关职能部门认定的工程设计资料及建设方设计要求、本工程采用的主要标准及法规；监控总点数包括数字输入、数字输出、模拟输入、模拟输出等；对于制冷及热力系统应说明制冷机及锅炉的形式、台数及自带的控制功能与控制要求以及建筑设备管理系统要实现的控制功能；对

冷冻（冷却）水系统应说明冷冻（冷却）水泵的台数、冷却塔的台数、控制要求及建筑设备管理系统应实现的功能；对于空气处理及给排水系统应说明设备的台数、控制要求及建筑设备管理系统应实现的功能；对于供配电系统应说明高低压开关柜、变压器、发电机、直流电池屏台数及主要设备的使用功能；说明照明系统的控制要求、说明与安防系统的联动控制要求等。

当完成智能化系统集成功能时，设计说明书还需说明集成的子系统及其要求，具体内容包括主要产品的选型、设计中所使用的符号、标注的含义、接地要求、导线选型等。

3. 施工图设计阶段

施工图设计是系统设计的一个重要环节。建筑设备管理系统的施工图设计文件包括图纸目录、施工图设计说明、系统图、平面图、主要设备材料表。

施工图设计说明的设计依据可按初步设计的内容进行说明，设计范围包括建筑设备管理系统控制室的位置、面积、独立设置或与哪些系统合用、监控总点数及现场控制器输入、输出信号的数量、系统的组成等。

在建筑设备管理系统中，现场控制器输入、输出信号有以下 4 种类型。

AI：模拟量输入，如温度、湿度、压力等，一般为 0～10V 或 4～20mA 信号。

AO：模拟量输出，作用于连续调节阀门、风门驱动器，一般为 0～10V 或 4～20mA 信号。

DI：数字量输入，一般为触点闭合、断开的状态，用于启动、停止状态的监控和报警。

DO：数字量输出，一般用于电动机的启动、停止控制及两位式驱动器的控制等。

当完成智能化系统集成功能时，施工图设计说明中还需说明集成的子系统及其要求（与初步设计一致），如主要产品的选型、设备订货的要求及设计使用的符号和标注的含义。接地要求包括导线选择及敷设方式、系统的施工要求和注意事项（包括布线、设备安装等）以及工程选用的标准图等。

系统图包括：绘至 DDC 站为止的系统干线图、系统主要设备、与 DDC 站的连接、线路选型与设计方式、线缆、设备的数量、路由，主要设备与设备间的线路连接，设备材料的图例、型号、数量应与平面图材料表一致，设备位置应与实际位置一致。

监控点表应说明详细的设备和DDC的分布位置、监控对象、实现的功能、监控点分类、点数统计及DDC的点数占用率等，各监控点、DDC与干线系统图应严格一致。

平面图包括控制室平面布置图、接地平面图、DDC平面布置图、干线及设备机房外线路平面图。

主要设备材料表包括主要设备的图例、名称、型号规格、技术参数、单位、数量、安装做法等。

4. 深化设计阶段

深化设计阶段与施工图设计阶段的主要区别在于需增加详细的分系统图、详细的设备机房内DDC与监控设备的连接平面图和接线图及详细的设备材料清单。调整到深化设计的图纸主要是子系统的系统图，传感器、执行器的材料选择，机房内设备与DDC之间具体连接的平面图等。深化设计阶段要求承包方负责提供相应的深化设计，主要有设计说明（包括系统功能说明及性能指标、监控点数表、系统设备配置清单、监控原理说明等）、系统图（包括系统结构图、网络拓扑图）、平面图（包括控制中心、分控室、受控设备机房、末端设备安装及配线平面施工图）、设备安装大样图（包括中央控制室/和分控室设备的平、立、剖面安装图，DDC、传感器、执行机构的安装大样图）、各系统或设备的监控原理图及电气端子接线图、系统设备配置及器材与线缆清单、系统安装及施工的土建条件与环境要求。

5.3.3 建筑设备管理系统的节能优化设计

维持智慧楼宇运行将耗费大量的能源，空调、给排水、照明等子系统的能耗占智慧楼宇运行能耗的2/3以上，因此，降低建筑物能耗，重点在于降低设备的运行能耗。当确定各类设备的选型后，要降低设备能耗，只能从分析设备系统的运行控制过程入手，分析外界气候条件和建筑物内人员、设备变化对建筑物运行能耗产生的影响，从而在设备运行控制过程中进行节能研究。为此，我们应充分运用现代计算机技术、互联网技术、制造技术、信息技术、管理技术和分析工具对各类智慧楼宇的设备系统运行特性、集成控制方式、控制过程、控制内容、控制软件系统进行详细的分析和研究；并在此基础上，对影响智慧楼宇内部舒适性的因素进行分析，定量分析智慧楼宇内舒适度指标，确定控制目标和控制参数，

建立相应的设备控制模型和目标函数,进行设备运行能耗仿真计算和实验,分析设备耗能与智慧楼宇功能以及建筑物使用时间、空间关系,优化设备运行,在保证智慧楼宇使用性能的前提下,降低设备使用的能耗,使智慧楼宇在节能、智能化、安全性、舒适性、快捷性、经济性等方面更好地发展。

建筑设备管理系统的节能优化设计主要体现在空调系统、给排水系统和照明系统中,具体见表5-12。

表5-12 建筑设备管理系统的节能分析

序号	系统名称	节能措施说明
1	空调系统	在分析空调系统运行过程中各部分耗电的基础上,确定影响空调运行能耗的主要参数和控制目标。建立优化运行的目标控制模型和目标函数,选用合适的算法进行控制参数求解,将优化后的控制参数送入控制系统,以达到节能的目的。对于空调机组的控制优化,目前多采用自适应控制的方式有效地实现对空调机组的精细化控制。自适应控制在系统的运行过程中不断提取有关模型的信息,使模型逐步完善,同时,依据对象的输入/输出数据,不断辨识模型参数,模型会变得越来越准确,越来越接近于实际
2	给排水系统	该系统的节电措施主要是对水泵进行调速,使得用户用水量无论如何变化,水泵都能及时地改变运行方式,实现最佳运行
3	照明系统	该系统的节电措施主要是合理安排用电需求,降低不必要的用电,采用智能控制方式进行照明控制

总之,建筑设备管理系统的设计应实现对智慧楼宇内的各个子系统的全面监控管理及信息记录,实现分散节能控制和集中科学管理,为智慧楼宇内的用户提供舒适、良好的工作环境,为智慧楼宇的管理者提供方便、快捷的管理手段,从而减少智慧楼宇的能耗并降低管理成本,保证智慧楼宇内各系统的安全、可靠、节能运行。

第6章

智慧楼宇安防系统的建设

为了有效管理安全问题，相关人员在安防方面投入了大量的财力、物力和人力，在重要部位安装防盗设施和监控系统，这些措施虽能起到一定的防范作用，但存在着"被动监管""事后追究证据不足""人工成本大量增加"和"物业管理不规范"等现象。究其原因，虽然安防产品的性能随着科技的发展而得到不断提升，但楼宇内的安防系统往往缺乏统一的规划设计。智慧楼宇安防系统可以监控楼宇及周边区域，安全管理人员可以实时掌握楼宇内部及附近区域的人流、物流的动态变化，从而进行有针对性的管理。

安防系统包括火灾自动报警系统、安防监控系统及安全防范综合管理系统，下面我们进行具体介绍。

6.1 火灾自动报警系统的建设

火灾自动报警系统由触发装置、火灾报警装置、联动输出装置以及具有其他辅助功能的装置组成，能在火灾初期将燃烧产生的烟雾、热量、火焰等物理量，通过火灾探测器变成电信号，传输到火灾报警控制器，并同时以声或光的形式通知着火楼层及上下邻层的住户及时疏散。火灾报警控制器记录火灾发生的部位、时间等，使人们能够及时地发现火灾，并采取有效的措施，在火灾初期扑灭火灾，最大限度地减少因火灾造成的生命和财产的损失。火灾自动报警系统是智慧楼宇中建筑设备自动化系统的重要组成部分。智慧楼宇中的火灾自动报警系统的设计必须符合 GB 50116-2013《火灾自动报警系统设计规范》的要求，同时也要适应智慧楼宇的特点，合理选配产品，做到安全适用、技术先进、经济合理。

6.1.1 火灾自动报警系统的工作原理

火灾自动报警系统的工作原理如图 6-1 所示。安装在保护区的探测器不断地向所监视的现场发出巡检信号，监测现场的烟雾浓度、温度等，并不断反馈给火灾报警控制器，控制器将接到的信号与内存的标准值进行比较，判断是否发生火灾。当发生火灾时，报警系统发出声光报警，显示火灾区域或楼层房号的地址编码，并打印报警时间、地址等；同时向火灾现场发出警铃报警，在火灾发生楼层的上下相邻层或火灾区域的相邻区域也同时发出报警信号。各应急疏散指示灯亮，指明疏散方向。

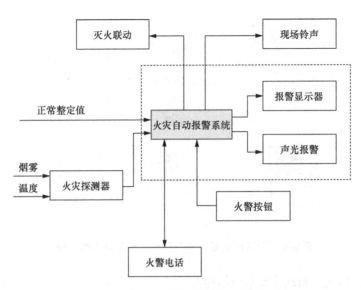

图6-1 火灾自动报警系统的工作原理示意

6.1.2 火灾自动报警系统的子系统

火灾自动报警系统的子系统有区域火灾自动报警系统、集中火灾自动报警系统和控制中心报警系统。

1. 区域火灾自动报警系统

区域火灾自动报警系统由区域火灾探测器、手动报警按钮、火灾声光警报器、火灾报警控制器等组成，如图 6-2 所示。根据实际情况也可以设置消防控制图形显示装置和指标楼层的区域显示器，如图 6-3 所示。

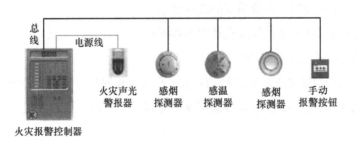

图6-2 区域火灾自动报警系统的组成示意

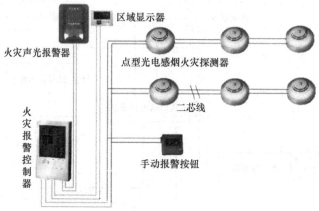

图6-3 配备区域显示器的区域火灾自动报警系统

（1）区域火灾自动报警系统的特点

区域火灾自动报警系统具有以下特点：

① 可以设置消防控制室，也可以不设置消防控制室；

② 可以设置消防控制室图形显示装置，但应设置在消防控制室或平时有人值班的场所，也可以不设置，但应设置火警传输设备；

③ 不具有消防联动功能，是指区域火灾自动报警系统不能通过输入、输出模块对设备进行控制及接收反馈；

④ 区域火灾报警控制器可以具有部分联动控制功能，意思是指允许区域火灾报警控制器的输出节点不经过模块直接控制设备，例如控制火灾声光警报器、火灾探测器、气体灭火控制器、应急照明控制器、消防电话等。

区域火灾自动报警系统适用于规模较小、危险性小和要求比较低的场所。

（2）区域火灾自动报警系统的设计要求

区域火灾自动报警系统的设计要求如下：

① 系统中可设置消防联动控制设备；

② 当用一台区域火灾报警控制器或一台火灾报警控制器警戒多个楼层时，应在每个楼层的楼梯口或消防电梯前室等明显部位，设置识别着火楼层的灯光显示装置；

③ 区域火灾报警控制器或火灾报警控制器安装在墙上时，其底边距地面高度宜为1.3～1.5m，靠近门轴的侧面距墙不应小于0.5m，正面操作距离不应小于1.2m。

2. 集中火灾自动报警系统

集中火灾自动报警系统由集中火灾报警控制器、区域火灾报警控制器和火灾探测器组成。

集中火灾自动报警系统适用于对较大范围内多个区域的保护，一般安装在消防控制室。集中火灾自动报警系统的设计要求如下：

① 系统中应设置一台集中火灾报警控制器和两台及以上区域火灾报警控制器，或设置一台火灾报警控制器和两台以上区域显示器；

② 系统中应设置消防联动控制设备；

③ 集中火灾报警控制器或火灾报警控制器应能显示火灾报警部位信号和控制信号，亦可进行联动控制；

④ 集中火灾报警控制器或火灾报警控制器应设置在有专人值班的消防控制室或值班室内。

3. 控制中心报警系统

控制中心报警系统由消防控制室的消防控制设备、集中火灾报警控制器、区域火灾报警控制器和火灾自动报警探测器等组成，系统的容量较大，消防设施控制功能较全，适用于对大型建筑的保护。控制中心报警系统的设置应该符合以下规定：

① 系统中应至少设置一台集中报警控制器和必要的消防控制设备；

② 设置在消防控制室以外的集中报警控制器，均应将火灾报警信号和消防联动控制信号送至消防控制室。

③ 区域报警控制器和集中报警控制器的设置，应符合控制中心报警系统的有关要求。

6.1.3　火灾自动报警系统的设计要点

智慧楼宇中火灾自动报警系统的设计要点如下：

① 按照火灾探测器的总数和其他报警装置（如手报）数量确定火灾报警控制器的总数量；

② 按划分的报警区域设置区域报警控制器；

③ 根据消防设备确定联动控制方式；

④ 按防火灭火要求确定报警和联动的逻辑关系；

⑤ 要考虑火灾自动报警系统与智慧楼宇"3AS"（建筑设备自动化系统、通信自动化系统、办公自动化系统）的适应性。

6.1.4　火灾探测器的分类及选配

1. 火灾探测器的分类

火灾探测器按测控范围可分为点型火灾探测器和线型火灾探测器两大类：点型火灾探测器只能探测警戒范围中某一点周围的温度、烟雾；线型火灾探测器则可以探测警戒范围中某一线路周围温度、烟雾。两种类型探测器的类型及适用场所见表6-1。

表6-1　火灾探测器的类型及适用场所

类型	适用场所	不适用场所
点型感烟火灾探测器	酒店、餐馆、学校、办公楼大厅、卧室、办公室、商场、载客列车车厢、电影院、书店、档案室、走廊等	
点型离子感烟火灾探测器		相对湿度经常大于95%，气流速度大于5m/s；产生或滞留大量粉尘、烟、水雾、腐蚀性气体、醇类、醚类、酮类有机物的空间
点型光电感烟火灾探测器		产生或滞留大量粉尘、水雾、蒸汽、油雾、烟或高海拔空间
点型感温火灾探测器	相对湿度经常大于95%，有大量粉尘的场所，如厨房、电机房、锅炉房、烘干车间等	可能产生阴燃火的空间
定温探测器		0℃以下的空间
差温探测器		温度变化较大的空间
点型火焰探测器	有强烈火焰辐射、液体燃烧，需要对火焰进行快速反应的空间	有浓烟、镜头易被污染的场所，有油雾、水雾的场所，有金属或可燃无机物的地方，有高温气体、明火作业等的场所

（续表）

类型	适用场所	不适用场所
可燃气体探测器	有可燃气体的空间，如气站、燃气表房、液化石油储存空间等	
线型光束感烟火灾探测器	无遮挡的大空间或特殊空间	有大量粉尘、水雾滞留，有烟滞留的空间
缆式线型感温探测器	电缆隧道、竖井、桥架、不易安装点式探测器的空间	
线型光纤感温火灾探测器	液化石油区、易燃易爆场所、公路隧道等	

2. 火灾探测器的选择

火灾探测器根据不同的工作原理和应用环境有如下选择：

① 对火灾初期有阴燃阶段，产生大量的烟和少量热，很少或没有火焰辐射的场所，选用感烟火灾探测器；

② 对火灾发展迅速，产生大量的热、烟和火焰辐射的场所，可选用感温火灾探测器、感烟火灾探测器、火焰探测器或组合使用；

③ 对火灾发展迅速、有强烈的火焰辐射和少量的烟和热的场所，应选用火焰探测器；

④ 对火灾初期有阴燃阶段，且需要早期探测的场所，宜增设一氧化碳火灾探测器；

⑤ 对使用、生产可燃气体或可燃蒸汽的场所，应选择可燃气体探测器；

⑥ 根据保护场所可能发生火灾的部位和燃烧材料的分析选择相应的火灾探测器（包括火灾探测器的类型、灵敏度和响应时间等），对火灾形成特征不可预料的场所，可根据模拟试验的结果选择火灾探测器；

⑦ 当探测区域内有多个火灾探测器时，相关人员可选择具有复合判断火灾功能的火灾探测器与火灾报警控制器，提高报警时间要求和报警准确率要求。

探测器的灵敏度应根据探测器的性能及使用场所，以系统正常情况下（无火警时）没有误报警为准进行选择。然而在日常应用中，若仅使用一种探测器，有时在联动的系统中会产生误动作，无联动的系统中会发生误报，这将造成不必要的损失。所以，我们在选择探测器时，应根据实际情况，选用两种或两种以上的探测器。当两种或

两种以上的探测器同时报警时，联动装置才动作，这样可以避免不必要的损失。

总之，我们应根据实际情况选择合适的探测器，以达到及时、准确地预报火情的目的。

3. 探测区域内探测器的设置要点

（1）标准规定

探测区域内的每个房间应至少设置一台探测器。在敞开或封闭的楼梯间、消防电梯前室、走廊、坡道、管道井、夹层等场所都应单独划分探测区域，设置相应的探测器；内部空间开阔且门口有灯光显示装置的大面积房间可被单独划分成一个探测区域，但其最大面积不能超过 1000m^2。探测器的设置一般按保护面积确定，每台探测器保护面积和保护半径是确定的，因此要考虑房间高度、屋顶坡度、探测器自身灵敏度 3 个主要因素。

另外，我们在设置火灾探测器时，还要考虑智慧楼宇内部走廊的宽度、至端墙的距离、至墙壁梁边的距离、空调通风口的距离以及各房间的情况等。

（2）探测器总数确定

我们首先确定一个探测区域所需设置的探测器数量，其计算公式为：

$$N = S \div KA$$

式中：N 为探测器数量（台）（取整数）；S 为该探测区域的面积（m^2）；A 为探测器的保护面积（m^2）；K 为修正系数等级，保护对象取 0.7 ～ 0.8，一级保护对象取 0.8 ～ 0.9，二级保护对象取 0.9 ～ 1.0。

注：感烟探测器和感温探测器均以此公式计算。

智慧楼宇内全部探测区域所需探测器的数量之和即为该建筑需要配置的探测器总数。

6.1.5 火灾报警控制器的功能及分类

火灾报警控制器是火灾自动报警系统的重要组成部分。在火灾自动报警系统中，火灾探测器是系统的"感觉器官"，时时监测建筑物内的各种情况；火灾报警控制器则是系统的"大脑"，指挥各部分器件的协调作用。

1. 火灾报警控制器的功能

火灾报警控制器是火灾自动报警系统的控制中心，能够接收并发出火灾报警信号和故障信号，同时完成相应的显示，其具有的功能如下：

① 为与其连接的其他部件供电；

② 接收来自其他火灾报警触发器的火灾报警信号；

③ 通过火警发送装置启动火灾报警信号或通过自动消防灭火控制装置启动自动灭火设备和消防联动控制设备；

④ 自动监测系统的正常运行和对特定故障给出声光报警（自检）；

⑤ 具有显示或记录火灾报警时间的计时装置，且日计时误差不超过30%。

2. 火灾报警控制器的分类

火灾报警控制器的分类见表6-2。

表6-2 火灾报警控制器的分类

按用途分类	区域火灾报警控制器	控制器直接连接火灾探测器，处理各种报警信息
	集中火灾报警控制器	一般不与火灾探测器相连，而与区域火灾报警控制器相连，处理区域火灾报警控制器送来的报警信号
	通用火灾报警控制器	通过设置或修改某些参数（硬件或软件），即可作区域级使用，也可作集中使用，还可连接区域火灾报警控制器
	手动火灾报警按钮	发生火灾后，工作人员手动按下手动火灾报警按钮，报告火灾信号
按内部电路设计分类	普通型火灾报警控制器	电路设计采用通用逻辑组合，成本低廉、使用简单，易于以标准单元的插板组合方式扩展简单的功能
	微机型火灾报警控制器	电路设计采用微机结构，对软件和硬件都有响应要求，能够扩展功能，技术要求复杂、硬件可靠性高
按信号处理方式分类	有阈值火灾报警控制器	用有阈值火灾报警控制器处理的探测信号为阶跃开关量信号，对火灾探测器发出的报警信号不能进一步处理，火灾报警取决于探测器
	无阈值火灾报警控制器	用无阈值火灾报警控制器处理的探测信号为连续的模拟量信号，报警主动权掌握在控制器方面，具有智能结构，是现代火灾报警控制器的发展方向
按信号连接方式分类	多线制火灾报警控制器	探测器与控制器的连接采用一一对应方式。各探测器至少有一根线与控制器连接，连线较多，仅适用于小型火灾自动报警系统
	总线制火灾报警控制器	探测器与控制器的连接采用总线方式，各探测器并联或串联在总线上

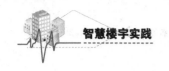

6.1.6　消防联动设备的控制

消防联动设备是火灾自动报警系统的执行部件，消防控制室接收火警信息后应能自动或手动启动相应的消防联动设备。

1.消防联动控制系统的组成

（1）自动喷水灭火系统

自动喷水灭火系统由活水喷头、报警阈组、水流报警装置（水流指示器或压力开关）以及管道、供水设施组成。目前，自动喷水灭火系统是使用最广泛的固定式灭火系统，特别适用于高层建筑物及容易发生火灾的建筑物内。

依照喷头的类型，自动喷水灭火系统可以分为闭式系统、开式系统两类。闭式系统的类型较多，基本类型包括湿式系统、干式系统、预作用系统及重复启闭预作用系统等。在已安装的自动喷水灭火系统中，有70%以上为湿式系统，下面主要介绍湿式系统。

湿式系统由湿式报警阈组、闭式喷头、水流指示器、控制阀门、末端试水装置、管道和供水设施等组成。系统的管道内充满有压水，一旦发生火灾，喷头立即喷水。火灾发生初期，建筑物的温度不断上升，当温度上升到闭式喷头温感元件爆破或熔化脱落时，喷头即自动喷水灭火。

环境温度不低于4℃、不高于70℃的建筑物和场所（不能用水扑救的建筑物和场所除外）都可以使用湿式系统。

（2）消火栓系统

消火栓灭火是最常用的灭火方式，它由蓄水池、加压送水装置（水泵）及室内消火栓等主要设备构成。这些设备的电气控制包括水池的水位控制、消防用水和加压水泵的启动。室内消火栓系统由喷水枪、水龙带、消火栓、消防管道等器件组成。

为保证喷水枪具有足够的水压，相关人员需要对其使用加压设备。常用的加压设备有消防水泵和气压给水装置。消防水泵的每个消火栓内设置了消防按钮，相关人员灭火时用小锤击碎按钮上的玻璃小窗，按钮不受压而复位，从而控制电路启动消防水泵，水压增高，灭火水管进水，水枪开始喷水灭火。

气压给水装置采用了气压水罐，并用气水分离器保证供水的压力，所以水泵功率较小，我们可采用电接点压力表，通过测量供水压力来控制和启动水泵。

（3）气体（泡沫）灭火系统

气体（泡沫）灭火系统被用于计算机机房、图书馆、档案馆、移动通信基站（房）、UPS 室、电池室、柴油发电机房等环境。通常，气体（泡沫）灭火系统通过火灾报警探测器联动控制灭火控制装置，实现自动灭火。气体（泡沫）灭火系统应由专用的气体（泡沫）灭火控制器控制。

（4）防排烟系统

防排烟系统是防烟系统和排烟系统的总称：防烟系统是指采用机械加压送风方式或自然通风方式以防止烟气进入疏散通道；排烟系统是指采用机械排烟方式或自然通风方式，将烟气排至建筑物外的系统。排烟系统由送排风管道、管井、防火阀、门开关设备、送排风机等设备组成。

（5）防火门及防火卷帘系统

防火卷帘通常设置于建筑物防火分区的通道口外，是一种适用于建筑物存在较大洞口处的防火、隔热设施，具体如图6-4所示。

图6-4 防火卷帘系统

当发生火灾时，防火卷帘系统根据火灾报警控制器发出的指令或手动控制，将卷帘降至地面，并紧急疏散人员，隔离火灾区，还可隔离燃烧过程中可能产生的有毒气体。

防火卷帘被广泛应用于工业与民用建筑的防火隔离区，能有效地阻止火势蔓延，保障生命财产的安全，是智慧楼宇不可缺少的防火设施。电动防火门的作用

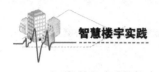

与防火卷帘相同。

（6）电梯

消防联动主机可监视电梯的运行状态，当发生火灾后，消防联动控制器发出联动控制信号，强制所有电梯停于首层或电梯转换层，并自动开门以防止人员被困。电梯运行状态的信号和停于首层或转换层的反馈信号应在消防控制室的显示屏上显示，电梯厢内应设置能直接与消防控制室通话的专用电话。

智慧楼宇内设置的消防电梯仅供消防人员扑灭火灾和营救人员所用。消防电梯通常都具备完善的消防功能。它应当是双路电源，若智慧楼宇中的工作电梯的电源中断，消防电梯的其他电源能自动启动，使之可以继续运行。

（7）火灾自动报警系统和消防应急广播系统

火灾自动报警系统应配置火灾声光报警器，在事故现场可进行声音报警和闪光报警，尤其适用于报警时能见度低或事故现场有烟雾产生的场所。当出现火灾后，系统会启动建筑内所有的火灾声光报警器。图6-5为几种不同的火灾声光报警器。

图6-5 不同的火灾声光报警器示意

没有设置消防联动控制器的火灾自动报警系统，火灾声光报警器则应由火灾报警控制器控制。设置了消防联动控制器的火灾自动报警系统，火灾声光报警器则应由火灾报警控制器或消防联动控制器控制。当同一建筑内设置多个火灾声光报警器时，火灾自动报警系统则应能同时启动或停止所有的火灾声光报警器。

集中报警系统和控制中心报警系统应设置消防应急广播。消防应急广播与普通广播或背景音乐广播合用时应具有强制切入消防应急广播的功能。

（8）消防应急照明和疏散指示系统

消防应急照明和疏散指示系统由应急照明灯具、消防报警系统、智能疏散系统等设备组成，是应用于大型公共场所的消防疏散指示系统。该系统由火灾报警控制器或消防联动控制器启动应急照明控制器实现相关功能。

集中电源非集中控制型消防应急照明和疏散指示系统应由消防联动控制器联动应急照明集中电源和应急照明分配电装置实现。自带电源非集中控制型消防应急照明和疏散指示系统应由消防联动控制器联动消防应急照明配电箱实现。

当出现火灾后，从发生火灾的报警区域开始，顺序启动全楼疏散通道的消防应急照明和疏散指示系统，系统全部投入应急状态的启动时间不应大于 5s。

（9）消防联动控制器

消防联动控制器应具有切断火灾区域及相关区域的非消防电源的功能，当需要切断正常照明电源时，宜在自动喷淋系统、消火栓系统启动前切断。

消防联动控制器应具有打开疏散通道的门和庭院的电动大门的功能，同时还可打开停车场出入口的挡杆。

2. 消防联动设备的联动要求

当发生火灾时，火灾报警控制器发出报警信息，消防联动控制器根据火灾信息输出联动信号，启动有关消防设备实施防火灭火。

消防联动在"自动"和"手动"状态下均能实现：在自动情况下，智慧楼宇中的火灾自动报警系统按照预先编制的联动逻辑关系，在火灾报警后，输出自动控制指令，启动相关设备；在手动情况下，应根据人工操作，实现对应的控制。

6.1.7 火灾自动报警系统的布线及与智慧楼宇的适配性

火灾自动报警系统的特殊性，使它在布线安装时有别于楼宇中的其他控制系统。火灾自动报警系统的线缆选型和布线方式要满足以下要求：一要满足自动报警装置自身的技术条件，如报警传输线大多数要求采用双绞线等；二要满足一定的机械强度；三要采取穿管保护、暗敷或阻燃措施；四要与其他低压系统的电缆分开布设；五要使传输网络不与其他传输网络共用。

从智慧楼宇的概念讲，火灾自动报警系统及其联动控制应当属于 BAS 的范畴，其报警线、联动线、通信线基本自成体系，与智慧楼宇中的综合布线系统不一样，但随着智慧楼宇的发展和火灾自动报警系统的日趋成熟，二者在应用上的结合将

越来越密切。智慧楼宇中设计火灾自动报警系统时，一定要考虑二者在连接界面上的适配性，将它们在安装、使用及运行中以最好的方式结合。

6.2　安防监控系统的建设

安防监控系统具有安全监视、入侵报警、出入门控制管理等功能。安防监控系统的入侵报警子系统通过各类传感器，如主被动红外探测器、红外微波双鉴探测器、玻璃破碎传感器以及各类手动、脚动开关等，获得楼宇的主要通道、出入口、重要部位及周边的情况，以利于防范工作。

6.2.1　安防监控系统的要求

安防监控系统应符合以下要求：

① 依据建筑内被防护对象的防护等级、安全防范管理等要求，以建筑物自身的物理防护为基础，综合运用电子信息、云计算、大数据等技术构建而成；

② 适应安全技术防范数字化、网络化、平台化的大安防方式的发展趋势，建立以安全技术防范信息为基本运载对象的系统化架构及网络化体系，不断提升安全信息资源共享和优化技术防范管理的综合功能；

③ 具有安全综合管理平台、入侵报警、视频安防监控、出入口控制电子系统、访客及对讲系统和停车牌（场）管理系统等；

④ 符合现行国家标准 GB 50348—2004《安全防范工程技术规范》、GB 50394—2007《入侵报警系统工程设计规范》、GB 50395—2007《视频安防监控系统工程设计规范》、GB 50396—2007《出入口控制系统工程设计规范》；

⑤ 建立以安防信息集约化监管为集成的平台；

⑥ 适应安防技术的发展，采用数据化系统技术及其设备搭建系统；

⑦ 拓展建筑优化公共安全管理所需的增值应用功能；

⑧ 能作为应急响应系统的基础系统之一；

⑨ 系统宜被纳入智能化集成系统。

6.2.2　安防监控系统的组成

一个优秀的智能化系统必然包括一个安全、可靠、高效、符合人性化的综合安保系统。目前，智慧楼宇的室外干道等公共区域采用摄像监控为主，保安人员巡查为辅的方式，以便监控中心的相关人员能及时了解情况，并进行必要的控制以确保区域安全。各楼内部区域采用报警探测和摄像监控相配合的方式，以门禁控制和巡更为辅；各楼的外墙布设主动红外预警系统，通过人防和技防的结合，实现区域安全。

安防监控系统包括的子系统如图 6-6 所示。

图6-6　安防监控系统的组成

6.2.2.1　视频监控系统

视频监控系统是通过图像监控的方式对楼宇的主要出入口和重要区域实时、远程视频监控的安防系统。系统通过前端视频采集设备（摄像机）将现场画面转换成电子信号传输至监控中心，然后通过显示单元实时显示录像，并将其存储等。工作人员能检索各区域的远程监控及事后事件。

6.2.2.2　入侵报警系统

入侵报警系统是发生非法入侵时向安保人员提供报警信息的安防系统。入侵报警系统通过前端布置的探测器对楼宇周边及重要区域进行布防，实现探测重要

区域的非法入侵情况，一旦监视区域内发生非法入侵行为，前端探测器立即将报警信息传到监控中心，监控中心通过声光报警的方式提示安保人员。

6.2.2.3　门禁管理系统

门禁管理系统被设置在办公区、生产区、库房等重要场所的出入口处，工作人员通过监控中心统一发放的门禁卡进出权限范围内的区域。同时，门禁管理系统能结合楼宇停车管理系统、考勤系统及消费系统等实现楼宇一卡通的功能。

6.2.2.4　电子巡查管理系统

电子巡查管理系统是指在楼宇的主要干道、楼梯间、重要机房、仓库等场所设置巡更点，安保人员在特定时间内按设计的线路巡更，使楼宇的安防实现人防和技防相结合。该系统包括离线式巡查和在线式巡查两种；离线式巡查无须在巡更点至监控中心间布线，施工方便，伸缩性高，但实时的安全性低；在线式巡查的巡更点与监控中心直接连接，能实时显示巡查人员的身份信息、地理位置等，很大程度上提高了电子巡查的安全性。

6.2.2.5　车辆出入管理系统

车辆出入管理系统能有序高效地管理进出楼宇的车辆，包括对楼宇内部的固定车辆管理、外来访客的临时车辆管理等。系统实现对进出车辆的记录、控制、计时及收费等功能，免除了工作人员手工登记的烦琐手续。

6.2.2.6　访客管理系统

访客管理系统是指门卫或前台设置访客机，访客出示二代身份证或其他证件，访客机读取相关信息，并打印访客单或访客机发放可循环使用的临时出入卡，管理来访人员。

6.2.3　安防监控系统的设计原则

针对楼宇占地面积广、人员物流车辆进出频繁、人员流动性大及楼宇公共物资多等特点，我们在设计安防监控系统时应遵循如图 6-7 所示的原则。

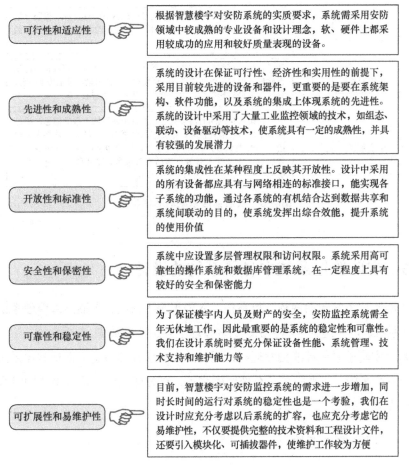

可行性和适应性 ☞ 根据智慧楼宇对安防系统的实质要求，系统需采用安防领域中较成熟的专业设备和设计理念，软、硬件上都采用较成功的应用和较好质量表现的设备。

先进性和成熟性 ☞ 系统的设计在保证可行性、经济性和实用性的前提下，采用目前较先进的设备和器件，更重要的是要在系统架构、软件功能，以及系统的集成上体现系统的先进性。系统的设计中采用了大量工业监控领域的技术，如组态、联动、设备驱动等技术，使系统具有一定的成熟性，并具有较强的发展潜力。

开放性和标准性 ☞ 系统的集成性在某种程度上反映其开放性。设计中采用的所有设备都应具有与网络相连的标准接口，能实现各子系统的功能，通过各系统的有机结合达到数据共享和系统间联动的目的，使系统发挥出综合效能，提升系统的使用价值

安全性和保密性 ☞ 系统中应设置多层管理权限和访问权限。系统采用高可靠性的操作系统和数据库管理系统，在一定程度上具有较好的安全和保密能力

可靠性和稳定性 ☞ 为了保证楼宇内人员及财产的安全，安防监控系统需全年无休地工作，因此最重要的是系统的稳定性和可靠性。我们在设计系统时要充分保证设备性能、系统管理、技术支持和维护能力等

可扩展性和易维护性 ☞ 目前，智慧楼宇对安防监控系统的需求进一步增加，同时长时间的运行对系统的稳定性也是一个考验，我们在设计时应充分考虑以后系统的扩容，也应充分考虑它的易维护性，不仅要提供完整的技术资料和工程设计文件，还要引入模块化、可插拔器件，使维护工作较为方便

图6-7 安防监控系统的设计原则

6.2.4 安防监控系统的总体构架

安防监控系统的建设绝不是将各个子系统简单地堆砌在一起，而是在满足各子系统功能的基础上，寻求内部各子系统之间、内部子系统与外部其他智能化系统之间的完美结合。系统主要依托综合管理平台实现对视频监控系统、入侵报警系统、门禁系统及车辆出入管理系统等各子系统的综合管理和控制。

安防监控系统由系统前端、传输网络和中心系统三部分组成，具体如图 6-8 所示。

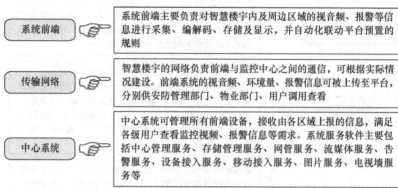

系统前端	☞	系统前端主要负责对智慧楼宇内及周边区域的视音频、报警等信息进行采集、编解码、存储及显示，并自动化联动平台预置的规则
传输网络	☞	智慧楼宇的网络负责前端与监控中心之间的通信，可根据实际情况建设。前端系统的视音频、环境量、报警信息可被上传至平台，分别供安防管理部门、物业部门、用户调用查看
中心系统	☞	中心系统可管理所有前端设备，接收由各区域上报的信息，满足各级用户查看监控视频、报警信息等需求。系统服务软件主要包括中心管理服务、存储管理服务、网管服务、流媒体服务、告警服务、设备接入服务、移动接入服务、图片服务、电视墙服务等

图6-8　安防监控系统的总体构架

6.2.5　安防监控系统中各子系统的设计

安防监控系统包括视频监控系统、入侵报警子系统、车辆出入管理系统、门禁管理系统、电子巡更管理系统、访客管理子系统等子系统。

每个安防子系统都能独立运行，同时综合安防管理系统将视频监控系统跟入侵报警系统连接，实现安防子系统间的联动，在方便工作人员管理的同时也提高了工作效率。

6.2.5.1　视频监控系统

（1）视频监控系统的结构

视频监控系统宜采用纯网络模式，前端设备是网络摄像机，信号通过楼宇的局域网传输，中心存储采用网络直存的方式。中心机房设置在监控中心旁，内部包含存储子系统、管理控制子系统和集成联动等，是整个监控系统的核心，也是软件平台的核心；保安室设置了分控中心，安保人员可以在保安室通过客户端预览、回放监控录像，并能在权限范围内控制前端的监控点。

视频监控系统采用纯网络架构有以下3个优点。

① 采用高清网络摄像机，图像效果显著提高。传统的标清分辨率的图像，工作人员基本上无法分辨监控细节。当发生案件时，工作人员从录像资料中很难准确认定监控现场涉案的人员、物品，传统的标清分辨率的图像不具备很好的指导

性和法律质证能力。系统采用高清摄像机获取高清晰度的监控画面能更清楚地呈现监控原貌。

② 采用网络传输，质量更可靠、施工更方便。我们在设计视频监控系统时应以网络为平台，采用全新的设计理念，以 IP 地址标识所有的监控设备，采用统一的 TCP/IP 来采集并传输图像、声音和数据等。网络数字视频监控采用了网络数字传输信号，没有线缆长度和信号衰减的限制，而网络自身又不受地理区域的限制，因此可实现更广阔区域的监控布局。

③ 系统扩展更方便。网络视频监控系统采用统一的标准，在扩展应用时，只增加相同的设备和管理上的 IP 地址即可；对管理而言，增加设备站点只是意味着 IP 地址的扩充。

（2）视频监控系统的功能分析

视频监控系统应满足的功能见表 6-3。

表6-3　视频监控系统应满足的功能

序号	功能	说明
1	全天候监控	全天候监控设备可24h成像，实时监控楼宇室内、电梯轿厢、电梯厅、安全通道、室外路口、周边、出入口、地下室、屋顶等区域的安全状况
2	昼夜成像	系统宜配置半球摄像机和固定枪式摄像机，摄像机采用红外模式的摄像机。可见光成像系统的彩色模式适合天气晴朗、能见度良好的状况下监视、识别监视范围内的情况；红外模式则具有优良的夜视性能和较高的视频分辨率，对于照度很低甚至0LUX（勒克斯）照度的情况下具有良好的成像性能
3	高清成像	楼宇的主要出入口部署了高清摄像机，楼宇室外的主要路口、开阔区域部署了高清快速球形摄像机，这些摄像机利用高清成像技术对区域内实施监控，有利于记录楼宇内的车辆、人员面部等特征
4	自动跟踪	楼宇周边和主要路口、室外开阔区域采用高清智能的球形摄像机，当发现运动物体后，系统会停止继续执行摄像机的巡逻程序，而变焦放大目标图像，并跟踪目标，以便录制运动物体。这些动作都不需要操作人员的帮助
5	前端设备控制	包括手动控制镜头的变倍、聚焦等功能，对目标细致观察并进行抓拍；对于室外前端设备，还可实现远程启动雨刷、灯光等辅助功能

序号	功能	说明
6	智能视频分析	在楼宇的周边、地面及地下停车场等位置采用智能球形摄像机，配合中心管理软件，实现有视频分析识别报警功能，能够检测楼宇周边、地面及地下停车场警戒线、警戒区域的情况，对于满足条件的非法活动目标进行区分并自动报警，为及时出警提供依据
7	分级管理	记录配置客户端、操作客户端的信息，包括用户名、密码和用户权限（系统资源），用户在客户端访问安防监控系统时，系统先执行登录验证功能。在楼宇安防控制中心建设以客户机/服务器（Client/server，C/S）为架构的管理平台，对于远程访问和控制的人员，可以通过授权登录Web客户端，实现对摄像机云台、镜头的控制和预览实时图像、查看录像资料等功能
8	报警	系统对各监控点进行有效布防，避免人为破坏；当发生断电、视频遮挡、视频丢失等情况时，现场发出报警信号，同时将报警信息传输到监控中心，使管理人员第一时间了解现场情况
9	联动	安防监控系统以综合安防管理平台为基础，通过视频监控、入侵报警、门禁、巡更等建立起一套完善的、功能强大的技术防范体系，以满足对楼宇安全和管理的需要，同时配合人员管理，实现人防与安防的统一与协调
10	集中管理指挥	指挥中心采用综合管理软件，实现对各监控点多画面的实时监控、录像、控制、报警处理和权限分配
11	回放查询	当发生突发事件时，相关人员可以及时调看现场画面并进行实时录像，记录事件发生的时间、地点，事后还可对事件发生时的视频资料进行查询分析
12	电子地图	系统配置多级电子地图可以将区域的平面电子地图以可视化的方式呈现，具体包括每一个监控点的安装位置、报警点位置、设备状态等，利于操作人员方便、快捷地调用视频图像
13	设备状态监测	该系统应能实时监测设备的运行状态，对工作异常的设备可发出报警信号

（3）视频监控系统的物理架构

视频监控系统的物理架构如图6-9所示。

① 前端部分。前端部分可接入多种类型的摄像机，例如，高清网络枪形摄像机、球形摄像机等，前端网络摄像机将采集的模拟信号转换成网络数字信号，按照标准的音视频编码格式及标准的通信协议传输视频图像。

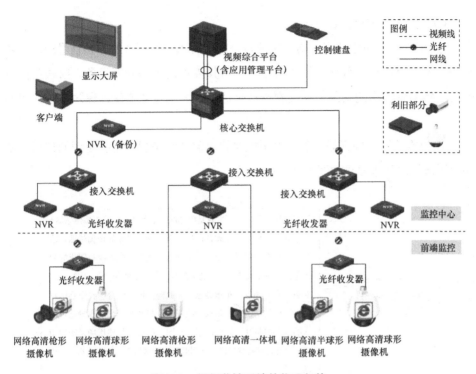

图6-9 视频监控系统的物理架构

② 传输网络部分。传输网络部分主要是指前端接入到核心交换机之间的网络，前端部分通过光纤收发器等网络传输设备将高清摄像机连接至监控中心的接入交换机上，再通过接入交换机将网络信号汇聚到中心的核心交换机，监控中心的接入交换机负责 PC 工作站和网络录像机（Network Video Recorder，NVR）等设备的接入。

③ 监控中心部分。监控中心部分采用 NVR 存储高清视频图像，解决数据落地问题；同时配置视频综合平台，完成视频的解码、拼接；监控中心部署了 LED 大屏显示监控视频。系统可将模拟摄像机、网络摄像机和数字摄像机等接入视频综合平台，实现统一管理、统一切换控制和统一显示，实现对整个系统的统一配置和管理。

④ 平台部分。应用管理平台被部署在视频综合平台的服务器板卡上，形成一体化的配置。应用管理平台可以统一地管控高清视频和用户，并且配置 PC 工作站进行预览、回放、下载等操作。

（4）前端监控点设计

① 前端设备技术要求。前端摄像机是整个视频监控系统的原始信号源，主要负责采集各个监控点现场的视频信号，并将其传输给视频处理设备。前端监控点的设计将结合楼宇的实际监控需要选择合适的产品和技术方法，保障视频监控的效果。

作为监控系统的视频源头，摄像机对整套监控系统起着至关重要的作用。系统对摄像机的基本要求如图 6-10 所示。

摄像机种类很多，其本源是内部的核心部件——"图像传感器+数字处理芯片"。比如，广播电视系统的图像处理偏艳丽，这是符合观众的视觉需求。相对而言，视频监控系统对图像的要求是真实还原现场，尤其是图像的色彩应与现场一致，比如人的肤色、衣着颜色、车辆颜色等。此外，镜头倍数也将影响用户捕获图像的情况，广角取景能获取全景概况，长焦取景能获取人脸面部的特征，因此，用户对图像的要求与使用场景密切相关，当然，在特殊场景下还需要匹配特殊功能，如超低照度、宽动态等

与交换机所处的环境不同，摄像机一般都被安装在风吹日晒的环境下，天气变化会影响摄像机的工作。因此，摄像机应能耐高温、抗雷击、防水、防尘，以确保能在恶劣环境下正常工作。有些环境下，室外摄像机的护罩内应该有加热、除湿等装置，内部电路应该具备防浪涌的设计，能抗3000V的雷击

摄像机多安装于难以摘取的位置，因此使用过程中的再度调试是比较麻烦的，还增加了维护成本。因此，所选用的摄像机应该提供操作菜单以供用户远程调试及修改参数

图6-10 前端设备技术的要求

②前端监控点设备的选择。根据监控点的具体位置和情况，前端监控点设备采用红外枪形摄像机、强光抑制摄像机、宽动态摄像机、高清智能球形摄像机和一体化网络摄像机相结合的方式。

智慧楼宇视频监控系统可以分为三道防线，具体如图 6-11 所示。

第一道防线	☞	主要指楼宇周边、主要出入口等区域，结合中心管理软件，楼宇周边主要采用视频监控+入侵报警+智能行为分析的方式实现监控，当入侵探测器检测到有人员非法进入时，摄像机联动录像。主要出入口采用高清智能快速球形摄像机+强光抑制摄像机实现对该区域的监控及对进出车辆的车牌识别存档及进出人员的跟踪定位
第二道防线	☞	主要指智慧楼宇道路、主要路口等区域。该部分路口、道路主要采用自动跟踪快速球形摄像机来实现该区域内的监控
第三道防线	☞	主要指智慧楼宇的室内。该防线通过安装在建筑物入口的宽动态摄像机，安装在电梯厅等位置的低照度枪形摄像机，安装在电梯轿厢的电梯专用摄像机，安装在地下室红外枪形摄像机、室内快速球形摄像机等不同类型的摄像机来实现相应区域内的监控

图6-11 智慧楼宇视频监控系统的三道防线

我们在建设视频监控系统时，应根据监控点的具体位置、不同应用和光照等情况，选用不同类型的摄像机。前端摄像机的选型原则见表6-4。

表6-4 前端摄像机的选型原则

序号	位置	清晰度	选型
1	楼宇入口及主干道	高清	强光抑制摄像机
2	各楼入口、走廊	标清	宽动态半球形摄像机
3	办公区、电梯厅	标清	低照度半球摄像机
4	电梯轿厢	标清	电梯专用摄像机
5	楼梯、地下室	标清	低照度枪形摄像机
6	周边围墙	标清	红外摄像机

（5）传输设计

1）网络结构的设计

网络的作用是接入各类监控资源，为中心管理平台的各项应用提供基础保障，更好地服务各类用户。网络拓扑如图6-12所示。

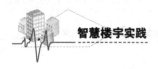

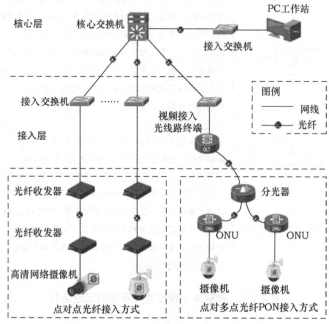

注：OLT：Optical Line Terminal，光线路终端。
ONU：Optical Network Unit，光网络单元。
PON：Passive Optical Network，无源光纤网络。

图6-12　网络拓扑示意

核心层：主要的设备是核心交换机。作为整个网络的大脑，核心交换机的配置性能较高。目前核心交换机一般都具备双电源、双引擎，故核心交换机一般不采用双核心交换机的部署方式，但是对于核心交换机的背板带宽及处理能力要求较高。

接入层：前端网络采用独立的 IP 地址网段，以实现对前端多个监控设备的互连。前端视频资源通过 IP 传输网络接入监控中心并在数据机房汇聚。前端网络接入的方式有：点对点光纤接入方式和点对多点光纤 PON 接入方式。接入层需对 NVR 的网络接入提供支撑，以确保 NVR 的网络环境安全可靠。

用户接入：用户端接入交换机时需要增加相应的用户接入交换机，以提供用户上网服务。监控中心部署接入交换机，通过万兆 / 千兆光纤链路接入传输网络以保证监控中心解码器及客户端的正常适用。

2）传输方式的类型选择

在视频监控系统中，视频信号的传输是整个系统非常重要的一环，这部分的造价虽然所占比重不大，但关系整个安防监控系统的图像质量和使用效果，因此我们要选择合理的传输方式。目前，安防监控系统中最常用的传输介质是双绞线和光缆，这两种传输介质的对比如图6-13所示。

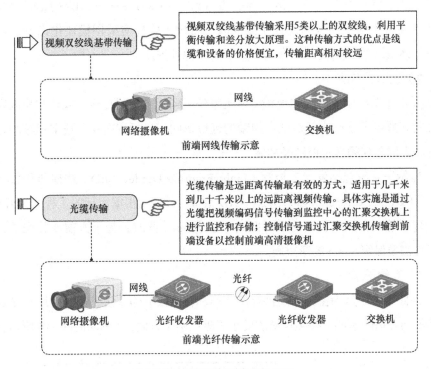

图6-13 两种传输介质的对比

我们应根据楼宇的视频监控系统的整体构架及楼宇实地情况，在不同场合、不同的传输距离选择不同的传输方式。室外场所一般距离监控中心较远，且进入监控中心的信号有防雷的要求，宜选用光缆传输的方式传输信号，这样能有效地避免视频信号受到雷击和静电的干扰和破坏，以确保视频信号稳定可靠的采集和传输。若视频监控系统采用纯网络架构，则室内的监控点只需通过网线接入就近弱电室的接入交换机上，距离超出一百米的位置则可考虑采用光缆传输。当传输信号必须穿越复杂的电磁环境时（如附件有大功率电动机），我们建议采用光缆传输方式。

（6）监控中心设计

监控中心包含控制子系统、显示子系统和存储子系统。

1）控制子系统

控制子系统主要是指视频监控系统的管理平台软件和配套设备，如键盘等。

视频监控系统的管理平台软件是整个视频监控系统的核心。系统内任何的操作、配置、管理都必须在平台上完成，或通过平台注册由其他设备或软件客户端完成。软件具备 C/S、浏览器 / 服务器（Brower/Server，B/S）两种架构，支持入侵报警系统与视频监控系统的联动管理。软件应采用模块化设计，可以分服务器安装系统模块，以降低服务器的资源处理压力。

2）显示子系统

显示子系统主要是为实现楼宇值班室统一调用、控制及显示视频监控内容而设计的。显示子系统实现对数字视频的远程访问、视频流接收、数字视频的解码显示和大屏幕视频显示控制等功能。

显示子系统包括发光二极管（Light Emitting Diode，LED）监视器和数字信息显示（Digital Information Display，DID）液晶拼接屏。根据实际的工程实施经验，我们建议控制台到电视墙的观看距离不小于 3m；同时，为了方便安装维护，后面至少需要保留 80cm 的净空间。

3）存储子系统

存储子系统是为监控点提供存储空间和存储服务的系统，也是为用户提供录像检索与点播的系统。视频存储的要求表现在两个方面，具体如图 6-14 所示。

技术要求

① 录像数据存储在磁盘阵列的设备上，存储的图像数据的格式采用标清或高清格式，录像数据应保存30天以上；
② 可通过网络接口以时间、通道等方式检索存储的图像数据，允许多用户同时检索、调用录像；
③ 实际的系统建设可按照不同区域设定存储格式和存储时间。但要预留将来的设备增加空间

空间要求

① 4CIF格式存储：监控资料存储的空间需求和监控系统的实际使用有着直接的关系，需求的存储空间大小可以通过计算公式直接计算得出，如果录像以4CIF格式进行存储，平均码流为1.5Mbit/s，平均每通道24h的容量约为15.5GB，总的存储容量可按实际监控通道数及存储时间计算得出；
② 720P图像存储：根据存储容量计算公式可以计算得出，如果以720P图像格式存储，平均码流为4.5Mbit/s，每路摄像机24h的容量为46.5GB

图6-14　视频存储的要求

监控资料的后期检索也是监控系统中的重要环节。监控中的实时监控图像固然重要，但录制下来的监控资料也会在关键时刻发挥更大的作用。在楼宇监控中，录制下来的监控资料可以作为意外事件中的分析资料。完善的视频监控系统会提供多种监控资料的后期检索方式以供选择，一般会分为简单检索功能和复杂的检索功能。需要注意的是，用户的查询检索同样会消耗存储系统的输入／输出，并且与监控录制系统同时工作，检索查询的用户同时大量并发时，对存储系统将会是一个严重的考验。

6.2.5.2 入侵报警系统

随着通信技术、传感技术、计算机技术的日益发展，入侵报警系统作为防入侵、防盗窃、防抢劫、防破坏的有力手段已被广泛应用。楼宇的入侵报警系统采用集中控制的管理方式，在安防中心设总控中心，每个单体建筑和裙楼单独设立一套入侵报警系统，通过软件可以集中管理各个单体建筑的入侵报警系统。同时，该系统应实现与视频监控系统、门禁一卡通等子系统的联动。

（1）入侵报警系统的功能

智慧化的入侵报警系统应实现表 6-5 所示的功能。

表6-5 智慧化的入侵报警系统的功能

序号	功能	说明
1	设备管理	① 设备统一编码：按照统一的编码规则对设备进行统一编码。 ② 远程设置和批量配置：能够远程配置前端硬盘录像机、快球摄像机、电子抓拍控制器等前端设备的参数，对同一型号和同样参数的设备进行批量设置，极大提高了系统的维护效率
2	用户信息分类显示	实时接收报警信息，并自动分类和显示报告信息，操作应简单直观
3	视频复核	报警系统收到前端用户的报警信息，视频系统按照预先的联动关系设置，自动弹出报警发生所在区域的现场图像，方便中心值班人员处理报警，并通过现场图像进行核实。视频复核最迫切的目的并不是通过高像素摄像机来确认入侵者的身份，而是在最短的时间内确认是否有人侵者，从而实现响应时间的最小化
4	实时预览	管理平台可以预览任意一路图像，并可对该路图像进行抓图、及时录像等操作。可远程方便、快捷地控制前端监控点云台、调节镜头参数。客户端拥有 1、4、9、16、25 等多种画面分割模式，即使在预览图像的时候，各种模式之间也可以自由切换。通过监控客户端，可对前端监控点按类进行分组，显示自动轮巡。如按辖区、管理范围等进行图像分组，满足重要单位、重点部门监控的需求

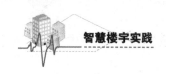

序号	功能	说明
5	录像回放/下载	① 对于录像回放，应根据不同的存储方式采用不同的录像回放模式，如前端回放模式、NVR回放模式和本地回放模式； ② 录像回放可实现调节速度、开始、暂停、停止、抓图、打开/关闭声音、调节回放音量等操作。平台提供多通道的前端录像或者是集中存储录像按时间下载的功能
6	多媒体人性化操作	用户界面友好，且有语音报警和光电报警提示，使接警更加直观和方便
7	用户资料管理	可对用户所有信息进行详细的备案，对用户记录进行关键字段逻辑组合查询
8	单据管理	管理业务流程中产生的各类单据，包括出警单、维修单、客户回访单，实现查询、分析、统计、导向等功能
9	操作员权限管理	权限管理要严格、灵活，安全性要高，每个操作员可以按照功能权限自定义分级，并实时记录操作员的动作，方便平台进行统一管理和责任调查
10	强大的报表统计功能	可根据信息记录进行报表统计，进行数据分析综合条件查询和打印需要的数据报表，如用户资料、事件报告、系统日志、出警单等
11	事件查询功能	可查询用户布/撤防报告和状态报告、主机测试、故障信息等事件
12	资料导出功能	用户资料、报警事件记录等能转换为Word、Excel文档，利于资料的多样化存档
13	来电显示功能	可以记录上报信息的电话号码，有利于查询电话线路问题，处理用户故障，查获恶意阻塞中心线路的行为
14	防区地图功能	可针对每个用户绘制平面防区图，报警后地图上所标点会闪烁，操作人员可打开地图，将该用户具体的报警位置通知出警人员，便于出警人员到现场进行处理
15	短信功能	可将用户上报的各种事件信息，使用短信载体进行自动、手动、群发等方式发送到指定的手机
16	录音功能	主要对电话进行录音、放音、远程查询、与相关事件关联查询，可以自动拨号给相关人员
17	计划任务	对用户布/撤防的状态进行监控，如果没有在指定的时间内上报信息，平台会自动产生提示信息
18	远程控制	配合报警主机，可对主机进行布/撤防、旁路等操作，实现回控功能
19	录像存储	为了满足用户对高度集中的录像存储的要求，平台提供对前端视频图像进行NVR集中存储录像的功能，录像的方式包括按规定计划进行的定时录像、接收网络命令触发的报警录像
20	双向语音对讲	值班人员可通过管理平台和前端硬盘录像机与现场人员进行双向语音对讲
21	日志管理	提供完善的日志记录和查询机制，管理配置日志、操作日志、报警日志、系统日志、事件日志
22	公共接口	提供开放的TCP/IP数据接口，平台支持服务器或客户端模式，可将报警信息通过公共接口向第三方平台转发，与其实现报警集成联动

（2）入侵报警系统的构成

入侵报警系统通常由前端探测部分（包括探测器和紧急报警装置）、传输部分、中心控制部分构成。

1）前端探测部分

前端探测部分由各种探测器组成，是入侵报警系统的触觉部分，能感知现场的温度、湿度、气味、能量等各种物理量的变化，并将其按照一定的规律转换成适于传输的电信号。

报警探测器作为整个系统的原始信号源，是整个系统的报警信号采集器，其应用将影响整个系统的可靠性。

前端探测部分的稳定性、耐久性、抗干扰等其他技术指标和具体使用功能应符合相关技术标准的要求。

根据规范要求，各探测器发出报警信号到系统主机提示有警情发生的总反应时间应≤ 1s，其布置要求为：

① 根据现场探测情况需要选择红外对射、报警按钮、三鉴探测器等，这些探测器通过报警线缆接入监控中心报警主机的报警输入口，监控室还需要配置声光报警器；

② 楼宇周界设置主动红外探测器，配合摄像机作为楼宇的第一道防线；

③ 财务室、重要机房等设置三鉴探测器，布防期间时刻检测入侵状态；

④ 楼宇仓库四周设置主动红外探测器，配合视频监控系统看守仓库的大门；

⑤ 保安室、楼宇财务室及领导办公室设置报警按钮。

2）传输部分

传输部分包括信号传输及供电线路，负责前端报警信号的传输及前端探测器的供电。

报警信号的传输是整个系统重要的环节，这部分的造价虽小，但却关系整个报警系统的稳定性和报警信息上传的及时性，因此我们要选择经济、合理的传输方式。报警系统传输网络的方式如图 6-15 所示。

3）中心控制部分

中心控制部分负责接收、处理各子系统发来的报警信息、状态信息等，并将处理后的报警信息、监控指令分别发往报警接收中心和相关子系统。

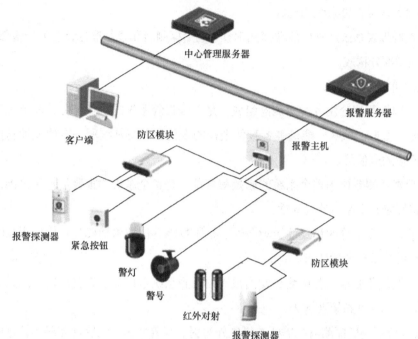

图6-15　报警系统传输网络的方式

（3）入侵报警系统的设计原则

入侵报警系统的设计原则如图6-16所示。

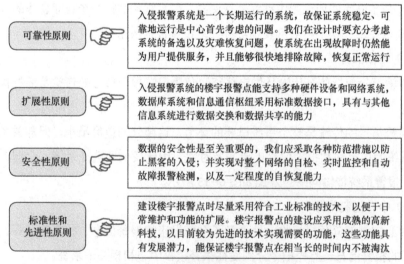

可靠性原则	☞	入侵报警系统是一个长期运行的系统，故保证系统稳定、可靠地运行是中心首先考虑的问题。我们在设计时要充分考虑系统的备选以及灾难恢复问题，使系统在出现故障时仍然能为用户提供服务，并且能够很快地排除故障，恢复正常运行
扩展性原则	☞	入侵报警系统的楼宇报警点能支持多种硬件设备和网络系统，数据库系统和信息通信枢纽采用标准数据接口，具有与其他信息系统进行数据交换和数据共享的能力
安全性原则	☞	数据的安全性是至关重要的，我们应采取各种防范措施以防止黑客的入侵；并实现对整个网络的自检、实时监控和自动故障报警检测，以及一定程度的自恢复能力
标准性和先进性原则	☞	建设楼宇报警点时尽量采用符合工业标准的技术，以便于日常维护和功能的扩展。楼宇报警点的建设应采用成熟的高新科技，以目前较为先进的技术实现需要的功能，这些功能具有发展潜力，能保证楼宇报警点在相当长的时间内不被淘汰

图6-16　入侵报警系统的设计原则

（4）入侵报警系统的楼宇报警点的设计

1）楼宇报警点的设计原则

楼宇报警点设计应遵循如图6-17所示的原则。

该类布线方式适用于周界报警，楼宇的周界范围比较大，围绕周界的报警探测器比较分散，选择该方式将所有前端探测器通过地址扩展模块接入主机端，报警主机再通过网络上报至园区管理中心

该类布线方式适用区单元楼层的报警，由于单元楼层分布不规则，且楼层与楼层之间的距离远近不一，但每栋单元楼层内的探测器分布却较为集中。因此，单元楼层采用汇聚独栋单元楼的探测器，然后以网络传输的方式，将每栋单元楼层的探测器信号全都传送至管理中心，从而达到统一控制探测器的目的

图6-17 楼宇报警点的设计原则

2）入侵报警系统的报警探测器的设置建议

入侵报警系统的前端报警探测器的点位分布直接影响楼宇的安全，不同于视频监控设备，报警探测器在楼宇安防系统中起着前期防范的作用，目的是防止发生意外情况，以便在第一时间使相关人员获知意外情况并采取相应的措施，从而实现安全防范的作用。报警探测器的点位分布建议见表6-6。

表6-6 报警探测器的点位分布建议

所属区域	报警点位	报警需求
第一道防线区域	周界	主要防范外来人员的翻墙入侵、越界出逃行为，周界使用红外对射或电子光栅技术加以防范，红外对射光束的数量和距离根据实际情况设定
	大厅出入口	主要防范进出大厅的人员，大厅出入口一般情况下使用的是玻璃材质的幕墙、大门，可配置门磁开关和玻璃破碎探测器
第二道防线区域	建筑物对外出入口	主要防范进出建筑物的人员，出入口处配置红外幕帘探测器和门磁开关，如玻璃门窗也可配置玻璃破碎探测器
	单元楼层顶部	主要防范楼层顶部的入侵人员，具体按功能强弱可选择激光探测器或者双鉴探测器

所属区域	报警点位	报警需求
第三道防线区域	电梯	主要用于被困人员的紧急求救，电梯里一般配置紧急按钮
	一、二层住户的门窗、阳台	主要防范低层住户被室外人员入侵，此处一般配置幕帘探测器和玻璃破碎探测器
	室内通道	主要防范室内通道等固定环境被外来人员入侵，此处可配置吸顶式三鉴探测器或双鉴探测器，同时，通道汇聚点需配置感烟探测器，用以防止火灾等突发事件
	监控中心	主要防范除监控中心以外的人员入侵，监控中心一般配置吸顶式三鉴探测器或双鉴探测器，并配有紧急按钮，用以在紧急情况下的手动报警，同时辅以声光警号等发出警示
	地下停车库	主要应对突发情况（火灾等），该处可配置感烟探测器和紧急按钮
	室内区域	主要监控办公室、库房等室内重点区域，该处一般安装吸顶探测器和幕帘探测器，并辅以感烟和紧急按钮等作为紧急报警手段
	住户厨房	主要防范住户家的煤气泄漏等意外事件，一般配置专业的煤气（CO）探测器
	楼梯前室/楼梯	主要防范火灾等突发事件，一般配置感烟探测器

中心控制部分是整个楼宇的信息控制和管理中心，接收网络内的各类状态报告和警情报告；对前端设备遥控编程；监测本系统和通信线路的工作状况。中心控制部分的设备功能、组织形式、管理水平直接影响整个网络，因此业界常把它比作整个楼宇联网报警的大脑和心脏。中心控制部分的设备通常包括专用接警机、计算机、接警管理软件和其他打印、传真辅助设备等。

6.2.5.3 门禁管理系统

门禁管理系统是对出入口通道进行管制的系统，管理人员进出门的时间，并提供查询报表等。门禁管理系统是新型的现代化安全管理系统，是集微机自动识别技术和现代安全管理措施为一体的，涉及电子、机械、光学、计算机技术、通信技术、生物技术等，是解决安全防范管理重要部门出入口的有效措施。

门禁管理系统的识别方式主要取决于管理者对受控区域的安全等级要求，同时我们还应考虑系统在识别过程中的便捷性。识别方式的不同主要体现在读卡器或生物识别仪的选择上。

（1）门禁管理系统的功能

门禁管理系统的主要目的是管理人员通行的权限。门禁管理系统采用读卡器或生物识别技术，只有经过授权的人才能进入受控的区域门组，读卡器通过卡上的数据或生物识别技术，能读取信息并传送到门禁管理系统的控制器，如果信息显示为允许出入，则门禁管理系统的控制器中的继电器将操作电子锁开门。

门禁管理系统可以采用多种门禁方式（单向门禁、双向门禁、刷卡＋门锁双重、生物识别＋门锁双重），授权多级控制使用者，并具有联网实时监控的功能。

门禁管理系统的实施将有效地保障楼宇内的人、财、物的安全以及避免内部工作人员受不必要的打扰，为楼宇建立一个安全、高效、舒适、方便的环境。随着技术的不断发展，门禁管理系统实现的功能越来越多，除了最基本的权限管理外，还包括实时监控、记录查询、异常报警和消防联动等功能。

门禁管理系统的主要功能见表6-7。

表6-7　门禁管理系统的主要功能

序号	功能	说明
1	发卡授权管理	门禁管理系统采用集中统一发卡、分散授权的模式。发卡中心统一制发个人门禁卡和管理卡，门禁管理系统独立授予门禁卡在本系统的权限。门禁管理系统可对每张卡片进行分级别、分区域、分时段的授权
2	设备管理	门禁管理系统能实时监控各级设备的通信状态、运行状态及故障情况，当设备发生状态变化时可自动接收、保存状态数据。门禁管理系统还能开启多个监视界面，分类监管不同的设备，实现各类设备的数据下载、信息存储查询及设备升级等操作
3	实时监控	系统管理人员可以通过门禁管理系统的客户端实时查看每个门的人员进出情况（客户端可以显示当前开启的门号、通过人员的卡号及姓名、读卡和通行是否成功等信息）、每个门区的状态（包括门的开关，各种非正常状态报警等）；也可以在紧急状态时通过门禁管理系统远程打开或关闭所有的门区
4	权限管理	① 门禁管理系统针对不同的受控人员，设置不同的区域活动权限，将人员的活动范围限制在与权限一致的区域内；实时记录管理人员的出入情况，实现对指定区域分级、分时段的通行权限管理，限制外来人员随意进入受控区域，并根据管理人员的职位或工作性质设置其通行级别和允许通行的时段，有效防止内盗外盗的现象。 ② 门禁管理系统充分考虑后台的安全性，可设置一定数量的系统操作员，不同的系统操作员设置不同的登录密码，根据各受控区域的不同分配系统操作员的权限

（续表）

序号	功能	说明
5	动态电子地图	门禁管理系统以图形的形式显示门禁的状态，管理人员可以通过这种直观的图示监视当前各门的状态，或者察看长时间没有关闭而产生报警的门。拥有权限的管理人员，在电子地图上可对各门点进行直接地开/闭控制
6	出入记录查询	门禁管理系统可实时显示、记录所有事件的数据；读卡器可读取卡中数据并将数据实时传送至管理平台，管理中心的客户端会立即显示持卡人信息（姓名、照片等）、事件时间、门点地址、事件类型（进门刷卡记录、出门刷卡记录、按钮开门、无效卡读卡、开门超时、强行开门）等。当发生报警事件时，管理中心的客户端上会弹出醒目的报警提示框。门禁管理系统可存储所有人员的进出记录、状态记录，管理人员可按不同的查询条件查询相关信息，这些信息可以生成相应的报表
7	刷卡加密码开门	重要房间的读卡器（需采用带键盘的读卡器）应设置为刷卡加输入密码的方式，禁止无关人员随意出入，以提高整个受控区域的安全及管理级别
8	逻辑开门（双重卡）	某些重要管理通道的门需求二人同时刷卡才能打开电控门锁，例如金库等重要区域
9	胁迫码	即防胁迫密码输入功能（需采用带键盘式读卡器）。当管理人员被不法人员劫持入门时，可输入约定的胁迫码进门，在入侵者不知情的情况下，中心能及时接收此胁迫信息并启动应急处理机制，确保该人员及受控区域的安全
10	防尾随	即持卡人必须关上刚进入的门才能打开下一个门。这一功能是防止持卡人被别人尾随。在某些特定场合，持卡人从某个门刷卡进入就必须从另一个门刷卡出去，刷卡记录必须确认刷卡者是一进一出，严格对应刷卡信息。该功能可为落实某人何时处于某个区域提供有效的证据，同时有效地防止尾随发生
11	反潜回	持卡人必须依照预先设定好的路线进出。本功能与防尾随实现的功能类似，只是方式不同。配合双向读卡门点设计，门禁管理系统可将某些门禁点设置为反潜回，限定能在该区域进、出的人员必须按照"进门→出门→进门→出门"的循环方式进出，否则该持卡人会被锁定在该区域以内或以外
12	双门互锁	许多重要区域要求人员需通行经过两道门禁，这两道门互锁，以方便有效地控制人员尾随。双门互锁可以有效地控制入侵的难度和速度，为安保人员处理突发事件赢得时间。互锁的双门可实现相互制约，提高门禁管理系统的安全性；当第一道门以合法的方式被打开后，若此门没关上，则第二道门不会被打开；只有当第一道门正常关闭之后，第二道门才能被打开。同理，如果第二道门没有关好前，第一道门也不予以刷卡打开

（续表）

序号	功能	说明
13	强制关门	管理员发现某个入侵者在某个区域活动时，管理员可以通过软件强行关闭该区域的所有门禁，使得入侵者无法使用非法得来的卡或者按开门按钮逃离该区域，并通知安保人员赶到该区域对非法入侵人员予以拦截
14	异常报警	门禁管理系统具有图形化的电子地图，可实时反映门禁的开关状态。在异常情况下，门禁管理系统可以实现自动报警，如发现有人员非法入侵、门禁系统超时未关等
15	图像比对	门禁管理系统可以在刷卡人刷卡时自动弹出持卡人的照片信息，供管理员比对

（2）门禁管理系统的组成

门禁管理系统由感应 IC 卡、感应读卡器、人员通道闸机、通道闸机控制器、出入口管理软件及各系统工作站等组成。门禁管理系统根据出入口的通道管理需要，选用网络型通道闸机控制器，通道闸机控制器采用 TCP/IP 的方式与上层管理层通信，支持联机或脱机独立运行，并可联动附近的视频监控设备进行抓拍和存储图像信息。将人员通道闸机接入门禁管理系统可实现设备、人员权限与配置的统一管理。

1）人员身份识别卡

门禁管理系统通过人员随身携带的出入口控制卡识别出入人员的身份。工作人员出入卡主要供内部办公人员及物管人员使用，工作人员通常使用感应卡。

2）识别控制终端

识别控制终端由感应读卡器、通道控制主机、闸机（人员通道闸机）等设备组成，主要应用于内部人员的出入检测。当携带识别卡的人员经过识别区域时，识别终端进行读卡识别，门禁管理系统自动识别人员的身份并判断人员的出入权限，持合法卡的人员方可出入闸机。

3）图像抓拍系统

图像抓拍系统主要抓拍人员出入闸机时的图像，当持卡者刷卡经过通道时，系统自动抓拍该人员的进／出图像，并自动存档，便于日后检查及核对。同时，图像抓拍系统还可对其他外部人员产生威慑，由此使外来人员不敢随意闯入监视区域。图像抓拍系统的工作示意如图 6-18 所示。

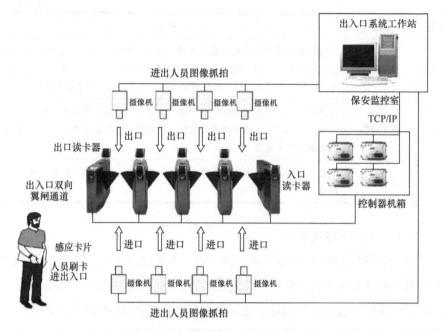

图6-18 图像抓拍系统工作示意

4）管理工作站和数据库

管理工作站和数据库主要记录出入口的控制操作，供出入口控制管理人员查询和管理数据。楼宇出入口保安室内设置出入口系统工作站，楼宇物业管理中心设置系统服务器。

5）传输网络设计

网络传输设计方式包括以下4点。

① 通过多芯信号线接入：门状态信息、门锁开关控制信号、开门按钮信号、报警联动信号、报警输入信号等。

② 多个控制器通过 RS485 方式相连：管理中心通过 RS232 通信转换器接入管理计算机，或通过 TCP/IP 通信转换器接入管理中心以太网。

③ 管理机房的主控服务器通过标准网线接入机房以太网。

④ 主控服务器通过通用串行总线（Universal Serial Bus，USB）接入发卡器。

（3）门禁管理系统的设计原则

门禁管理系统的设计原则如图 6-19 所示。

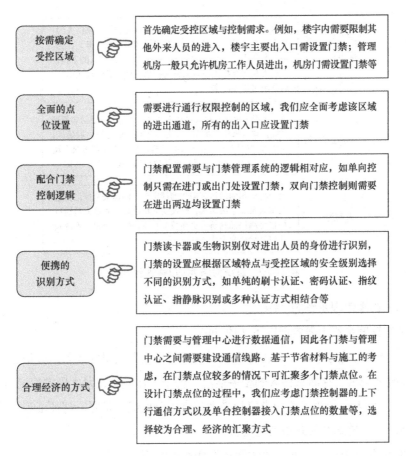

按需确定受控区域 ☞	首先确定受控区域与控制需求。例如，楼宇内需要限制其他外来人员的进入，楼宇主要出入口需设置门禁；管理机房一般只允许机房工作人员进出，机房门需设置门禁等
全面的点位设置 ☞	需要进行通行权限控制的区域，我们应全面考虑该区域的进出通道，所有的出入口应设置门禁
配合门禁控制逻辑 ☞	门禁配置需要与门禁管理系统的逻辑相对应，如单向控制只需在进门或出门处设置门禁，双向门禁控制则需要在进出两边均设置门禁
便携的识别方式 ☞	门禁读卡器或生物识别仪对进出人员的身份进行识别，门禁的设置应根据区域特点与受控区域的安全级别选择不同的识别方式，如单纯的刷卡认证、密码认证、指纹认证、指静脉识别或多种认证方式相结合等
合理经济的方式 ☞	门禁需要与管理中心进行数据通信，因此各门禁与管理中心之间需要建设通信线路。基于节省材料与施工的考虑，在门禁点位较多的情况下可汇聚多个门禁点位。在设计门禁点位的过程中，我们应考虑门禁控制器的上下行通信方式以及单台控制器接入门禁点位的数量等，选择较为合理、经济的汇聚方式

图6-19 门禁管理系统的设计原则

6.2.5.4 访客管理系统

访客管理系统主要用于登记访客的信息、记录操作流程与权限的管理。访客来访时，工作人员需要将访客信息登记到系统中，并通过系统为访客指定接待人员、授予访客门禁点/电梯/出入口的通行权限、记录访客在来访期间所做的操作，该系统还应提供访客预约、访客自助服务等功能。

（1）访客出入口的管制方式

访客管理系统的主要服务对象为外来的到访人员，对访客的出入主要有如图6-20所示的3种管制方式。

预先登记	访客可以通过楼宇的访客管理系统预先登记（来访人的基本信息；被访人姓名、工作单位或楼层房间号），当被访人确认通过后，系统会将密码发送至来访人的手机，来访人在访客机上输入密码再扫描证件，系统确认信息后分配卡片并吐卡
预约	访客可通过电话直接与被访人预约，被访人登录访客管理系统，输入来访人的基本信息（手机号码必填）后确认，系统将密码发送至来访人的手机，来访人在访客机上输入密码再扫描证件，系统确认信息后分配卡片并吐卡
未预约	没有提前预约的访客需先到楼宇门口的保安室登记信息。安保人员联系被访人，经被访人确认后，安保人员通过扫描终端扫描到访人员所持的身份证件并登记，系统确认信息后分配卡片并吐卡

图6-20　系统对访客的3种管制方式

（2）访客管理系统的功能

访客管理系统主要实现以下7项功能：

① 当预约访客来访时，访客管理系统可替代安保人员完成入门登记工作，能高效准确地记录、存储来访人的相关信息，便于工作人员在发生异常情况后查询；

② 工作人员使用证件扫描仪扫描来访者的身份证、护照、驾驶证等证件，自动识别证件，自动录入来访者的资料；

③ 可以自由设定访客卡的访问权限和有效时间；

④ 可以为访客管理系统的用户分配权限，权限信息包括预约权限、发卡权限、回收卡权限、修改访客资料权限、访客信息查询权限等；

⑤ 提供详细的来访者信息记录和报表，记录的信息包括来访者资料、被访者姓名、访客进出时间等；

⑥ 记录发生的报警事件的信息，报警事件信息包括访客卡到期未回收、卡片过期、访客黑名单等；

⑦ 支持访客在访客机登记时自动拍照发卡的功能。

来访人员进入楼宇必须办理临时访客卡，楼宇的工作人员可通过访客管理系统人工登记信息并发卡；访客机也可自动发卡，访客机主要针对预约访客，以加快访客办卡的时间。访客通过网络或电话的形式预约，访客管理系统通过手机短信、电子邮件等方式将访客密码远程发送给预约访客，预约访客在访客机上输入访客密码即可直接获取访问卡。

访客机一般被设置在楼宇出入口的保安室，具体位置可随实际管理情况灵活调整。

（3）访客管理系统的设计

访客管理系统流程如图6-21所示。

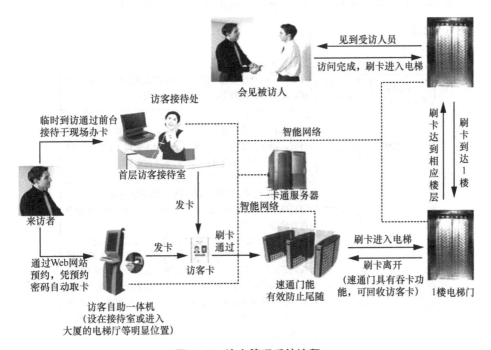

图6-21 访客管理系统流程

访客管理系统是基于 TCP/IP 以太网基础上的综合信息管理系统，共用一卡通数据库，能实现数据共享。

访客管理系统与门禁管理系统共用电梯门和建筑主要出入口处的控制器和读卡器，刷卡数据使用一卡通的数据库和服务器。

6.2.5.5 智慧电子巡更系统

（1）传统的电子巡更系统

传统的电子巡更系统的工作原理是在需要巡查的地点安置信息钮，信息钮存储了地理位置等信息，巡查人员配备身份识别钮，该识别钮存储巡查人员的身份

信息。巡查人员使用巡查棒碰触身份识别钮，到达各巡查点后再碰触地点信息钮，巡查棒内自动生成包括人员、地点、时间的巡查记录，巡查人员将巡查棒插入通信座，只需数秒时间，计算机就加载记录巡查信息，并按要求生成巡查报表。巡查报表能够真实、准确地反映巡查情况，例如，有无漏查，是否按时巡查，是否按规定路线巡查等。

传统的电子巡更系统主要由信息钮、巡查棒、通信座和管理软件 4 部分组成，如图 6-22 所示。

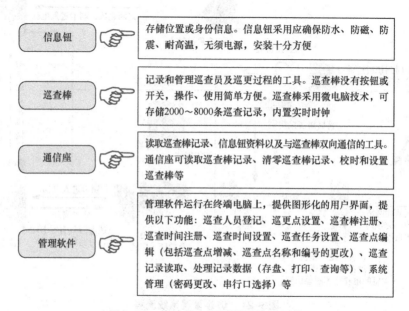

图6-22 传统的电子巡更系统的组成

（2）智慧的电子巡更系统——云电子巡更系统

云电子巡更系统与传统的电子巡更系统相比，所需设备更少，成本更低，自动化运行，使用更简单。目前，工厂、医院、物业小区、铁路高速公路、机场等领域的安防体系广泛应用云电子巡更系统。

1）云电子巡更系统的架构

云电子巡更系统包括云巡检点、云通信座和云巡更棒 3 部分，其中，服务器部分由"云服务器"取代。软件部分由浏览器取代，用户无须安装其他软件，如图 6-23 所示。

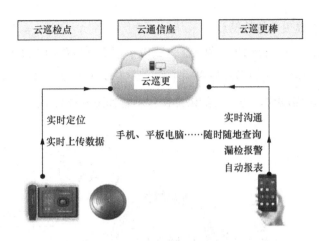

图6-23 云电子巡更系统的架构

2）云电子巡更系统的工作原理

楼宇使用云电子巡更系统后，巡更变成如图6-24所示的工作。

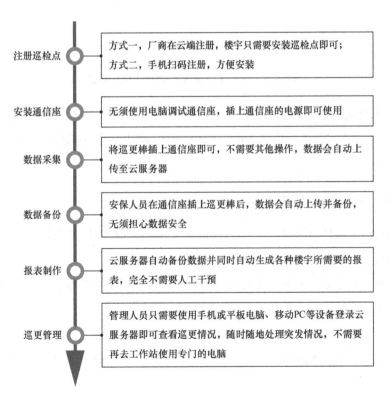

图6-24 云电子巡更系统的工作过程

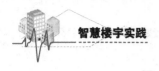

3）云电子巡更系统的特点

① 硬件设计——自动化、免人工。云电子巡更系统采用了高度自动化的基础硬件，高度自动化带来的是高效率的工作，人工操作越少，出错的概率越低，风险成本也越小。自动化、免人工的硬件操作示意如图 6-25 所示。

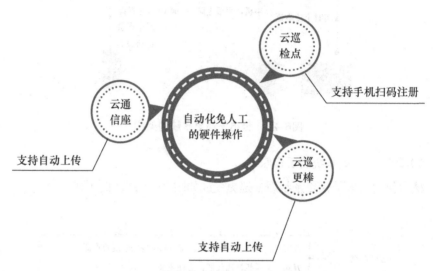

图6-25　自动化、免人工的硬件操作示意

② 软件设计——移动互联网化、自动化。云电子巡更系统的核心是云巡更平台软件。云巡更平台软件是整套电子巡更系统中最有价值的一部分，具有如图 6-26 所示的特点。

6.2.5.6　车辆出入系统

车辆出入系统将机械、电子计算机和自控设备以及智能卡等技术有机地结合，实现车辆出入管理、自动存储数据等功能的管理系统。

车辆出入系统主要由前端信息采集部分、数据处理及传输部分、监控中心等部分组成。

（1）车辆出入系统的功能

车辆出入系统组成示意如图 6-27 所示，可以实现表 6-8 的功能。

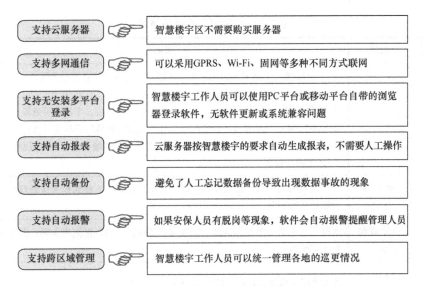

图6-26 云巡更平台软件的特点

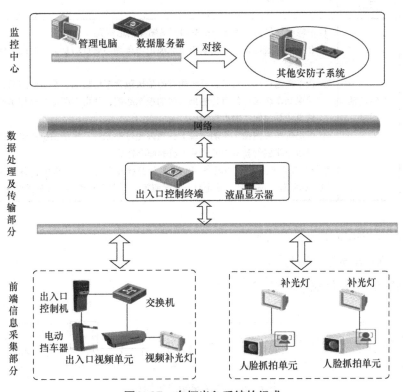

图6-27 车辆出入系统的组成

表6-8　车辆出入系统的功能

序号	功能	说明
1	车辆管控	① 固定车辆：车牌识别和远距离卡识别同时进行，信息比对无误后，车辆即可进场，无须任何操作。 ② 贵宾车辆：车牌识别或远距离卡片识别任一通过后，车辆即可进场。 ③ 临时车辆：停车取卡，系统抓拍车牌并识别，确认信息后方可放行。 ④ 布控车辆：嫌疑车辆进出车库时，系统自动在前端和中心产生报警，同时人工参与处理
2	电动挡车器	客户端或管理中心能远程控制电动挡车器的启闭，方便操作人员管理及提供特殊需要的服务
3	图片/视频预览	实时显示车辆的图片和信息，实时预览视频，自动匹配进出车辆，图片预览按车道轮询
4	LED屏显示	控制主机包含语音提示、信息显示屏
5	车牌自动识别	自动识别车辆牌照
6	车辆信息记录	① 车辆信息包括车辆通信信息和车辆图像信息两类。 ② 在车辆通过出入口时，系统能准确记录车辆的通行信息，如时间、地点、方向等。 ③ 在车辆通过出入口时，系统能准确拍摄包含车辆前端、车牌的图像，并将图像和车辆通行信息传输出入口的控制终端，并可在图像中叠加车辆通行信息（如时间、地点等）。 ④ 可提供车头图像（车辆全貌），当闪光灯补光时，系统拍摄的图像可全天候清晰辨别驾驶室内的司乘人员的面部特征。 系统采用的抓拍摄像机具备智能成像和控制补光的功能，能够在各种复杂环境（如雨雾、强逆光、弱光照、强光照等）下和夜间拍摄出清晰的图片

（2）车辆出入系统的管理流程

1）固定车辆进/出的流程

固定车辆进场流程如图6-28所示。

图6-28　固定车辆进场流程

固定车辆进场流程：固定车辆驶入停车场入口，触发地感线圈，此时车牌识别器抓拍车辆图片并识别车牌号码，系统记录车牌号码和进场图片、进场时间等信息，入口处的终端设备显示或语音终端提示相关信息（如车牌号码、欢迎入场、固定车辆剩余日期等），挡车器开启，车辆进场，闸杆自动落下，车辆进入车场内泊车。

固定车辆出场流程如图 6-29 所示。

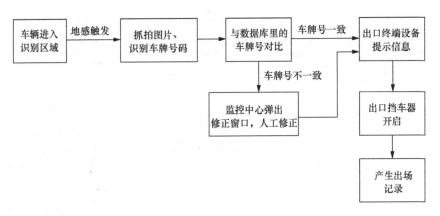

图6-29 固定车辆出场流程

固定车辆出场流程：固定车辆驶到停车场出口，触发地感线圈，车牌识别器抓拍车辆图片并识别车牌号码，系统记录车牌号码和出场图片，并将车牌号码与数据库里存储的号码对比。若车牌号一致，出口处的终端设备显示屏或语音终端提示相关信息（如车牌号码、一路平安、固定车辆剩余日期、延期等）并开启挡车器，车辆出场；若车牌号不一致，系统弹出修正窗口，人工修正车牌后，出口处的终端设备显示屏或语音终端提示相关信息（如车牌号码、一路平安、固定车辆剩余日期、延期等），挡车器开启，车辆出场后，闸杆自动落下。

2）临时车辆进／出场的流程

临时车辆进场流程如图 6-30 所示。

图6-30 临时车辆进场流程

临时车辆进场流程: 临时车辆驶入停车场入口, 触发地感线圈, 车牌识别器抓拍车辆图片并识别车牌号码, 系统记录车牌号码和进场图片、进场时间等信息, 入口终端设备显示屏或语音终端提示相关信息 (如车牌号码、欢迎入场等), 挡车器开启, 车辆进场, 闸杆自动落下, 车辆进入车场内泊车。

临时车辆出场流程如图 6-31 所示。

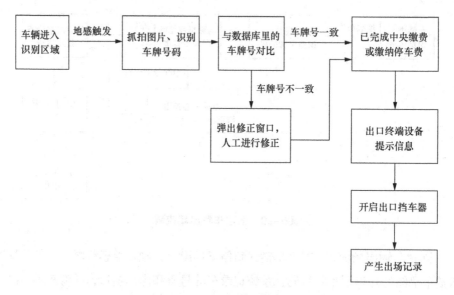

图6-31　临时车辆出场流程

临时车辆出场流程: 临时车辆驶到停车场出口, 触发地感线圈, 车牌识别器抓拍车辆图片并识别车牌号码, 系统记录车牌号码和出场图片、出场时间等信息, 出口终端设备提示相关信息 (如车牌号码、缴费信息等)。

临时车辆不需要缴纳费用 (免费) 或已在中央收费处缴纳过费用的车辆驶到出口时, 挡车器自动开启, 车辆出场后, 闸杆自动落下。

需要缴纳费用的临时车辆, 在完成缴费后, 工作人员手动开启挡车器, 车辆出场后, 闸杆自动落下。

车牌号码识别有误的临时车辆, 工作人员需要人工收取费用并手动开启挡车器, 车辆出场后, 闸杆自动落下。

6.3 安全防范综合管理系统

安全防范综合管理系统是一个全数字化的、开放式的集成平台，是安全防范系统的核心，能够实现楼宇内各安防子系统间报警联动信息的集成，控制信息的统一发布和管理。该系统可以联动视频监控系统、入侵报警系统、车辆出入控制系统、电子巡更管理系统等各个子系统，对楼宇内部安全防范进行全方位地监视、控制楼宇内部的安全，以及与各安防子系统间实现报警联动响应。

安全防范综合管理系统采用同一套软、硬件集中控制和管理各个安防分项系统，统一存储与分发设备采集的数据，并提供统一的操作界面，实现各系统的资源共享、业务整合与联动等。目前，大多数的安全防范综合管理系统仍采用专有的通信协议传递内部数据，软件架构采用封闭的模型，对外缺乏符合国际标准的第三方接口等，造成了各子系统之间无法实现信息的共享与联动。

6.3.1 安全防范综合管理系统的功能

安全防范综合管理系统应实现的功能见表6-9。

表6-9 安全防范综合管理系统应实现的功能

序号	功能	说明
1	实时图像调阅	有权限的管理人员可调阅任意一台摄像机的实时画面
2	录像数据查询及调阅	①为权限许可的管理人员查询及调阅系统中的相关录像数据； ②提供录像回放控制、快进播放等功能； ③提供多画面同时回放及多文件循环播放的功能

序号	功能	说明
3	报警接收及处理	有权限的管理人员可以设置报警的联动方式，根据需要手动或自动进行布防。系统自动将操作员信息及操作时间、报警设备信息及报警时间等信息存档，实现与其他报警子系统联动。监控前端能自动打开声光等报警联动设备，并将相关的报警信息发送至服务器；系统报警时，授权遥控监视点能自动弹出报警信息窗口、发出声音提示，并显示报警点的具体位置、报警类型及现场图像等信息，相关图像存储在数据库中。系统提供报警时拨打电话及发送手机短信的功能
4	门禁管理	① 提供远程门禁控制功能，可实现各种人员的出入权限授权； ② 支持被授权的用户在授权时限内通过系统的身份认证后自动出入； ③ 支持授权用户通过中心干预的方式出入； ④ 支持授权用户在非授权时间内通过预授权的方式出入
5	电子地图	① 支持平面位图格式的电子地图； ② 支持GIS地图； ③ 管理人员可直接查看地图上某个位置的图像。现场地图有图片、区域地图、建筑物布置图和楼层平面图；多个地图按分层顺序进行组织；地图上可放置摄像机图标，管理人员单击摄像机图标，可快速选择所要观察的监视点
6	用户及权限管理	① 网络客户端采用集中管理模式，统一管理设置参数和权限等； ② 系统管理员具有最高权限，能设置相关人员的权限和初始口令，还能设置操作人员的连接权限、控制权限、管理登记等使用权限； ③ 管理人员将自动存档监控软件和设备的操作记录，并且不能删除或修改记录
7	中心录像	监控联网后，监控中心除了能监控原有每个网点的本地录像外，还可以对一些重点画面进行网络实时录像，比如主要路口和重要场所的图像。在日常监控工作中，如果工作人员发现某个画面可疑，也可以在监控指挥中心启动网络录像，第一时间把作案现场的图像保存到监控中心
8	流量监控	工作人员使用多个监控终端同时观看同一个监控点的实时图像时，可以设置访问并发上限，以满足实际网络环境的要求
9	日志管理	支持详细的事件日志管理记录，该功能可记录管理设备的参数设置、录像机信息、报警信息、故障处理信息等项目和操作，用户可实时打印报表，为查证操作记录等提供保证
10	语音对讲	工作人员可通过此功能相互沟通、引导日常的工作内容，还可以对前端监控点正在发生的违法事件进行告警
11	自动校时	监控中心的自动校时功能可以向辖内网点的硬盘录像机发出时间同步命令，保证硬盘录像机的时间和主控机的时间同步

（续表）

序号	功能	说明
12	远程设备管理	（1）报警系统远程管理 ① 远程报警主机的开关，工作人员可通过系统对状态异常的报警主机实现远程开关机操作； ② 远程监视报警主机的布防及撤防状态，可实时查看报警主机各个防区的布防及撤防等工作状态； ③ 防区失效提醒，及时提示失效防区。 （2）远程管理视频监控系统 系统可远程监视视频设备参数的变更，也可实时监视视频设备的参数配置的变化情况，提示未经授权的视频设备关键参数的变更。 （3）远程诊断设备联网状态 自动实时地巡查各个设备的联网状态，告知管理人员网络异常的设备
13	电视墙显示及控制	提供万能解码设备，统一解码不同厂商的硬件视频编码设备的编码数据，并统一模拟输出显示

6.3.2 安全防范综合管理系统的设计思路

我们应利用计算机技术、超前的优化集成技术及成熟的智能化设备，建设综合的技术安全防范管理系统，为用户提供一个安全、舒适、方便、快捷的使用环境，最终达到技防与人防相结合的目的，具体设计思路如图6-32所示。

6.3.3 安全防范综合管理系统的设计原则

安全防范综合管理系统在设计时应坚持以下原则。

（1）设备兼容性

设备兼容性是指兼容行业内主流的视频编码设备、报警主机设备、门禁控制设备、智能视频分析设备等。

（2）高集成性

高集成性是指系统集成了行业内多个业务应用系统，在同一平台下接入各业务子系统，以及查找各应用数据，方便信息数据的显示，实现"一卡、一库、一平台"的配置与管理，极大提高了管理水平。

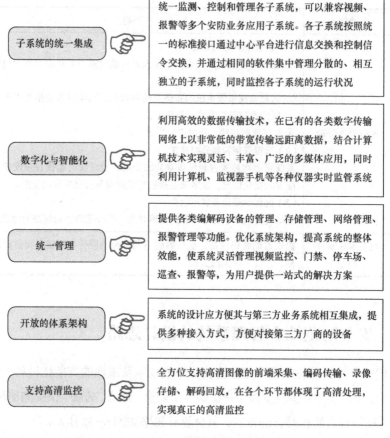

子系统的统一集成	☞	统一监测、控制和管理各子系统，可以兼容视频、报警等多个安防业务应用子系统。各子系统按照统一的标准接口通过中心平台进行信息交换和控制信令交换，并通过相同的软件集中管理分散的、相互独立的子系统，同时监控各子系统的运行状况
数字化与智能化	☞	利用高效的数据传输技术，在已有的各类数字传输网络上以非常低的带宽传输远距离数据，结合计算机技术实现灵活、丰富、广泛的多媒体应用，同时利用计算机、监视器手机等各种仪器实时监管系统
统一管理	☞	提供各类编解码设备的管理、存储管理、网络管理、报警管理等功能。优化系统架构，提高系统的整体效能，使系统灵活管理视频监控、门禁、停车场、巡查、报警等，为用户提供一站式的解决方案
开放的体系架构	☞	系统的设计应方便其与第三方业务系统相互集成，提供多种接入方式，方便对接第三方厂商的设备
支持高清监控	☞	全方位支持高清图像的前端采集、编码传输、录像存储、解码回放，在各个环节都体现了高清处理，实现真正的高清监控

图6-32　综合安防管理系统的设计思路

（3）系统的全面性

系统的全面性是指系统提供插卡式视频编码设备的主机软件、管理软件、手机监控客户端软件等全系列软件。

（4）多级扩展性

多级扩展性是指系统的核心处理单元应支持分布式、负载均衡部署，并采用多级架构来支持系统自身规模的扩展；支持承载大容量业务接入的核心服务器，分发、接入等网元均可灵活扩展、平滑扩容，并提供可开放、可共享的接口。

系统可通过网络横向和纵向无限制集联，使系统可容纳巨量设备、支持巨量的用户并发访问。平台多级扩展示意如图6-33所示。

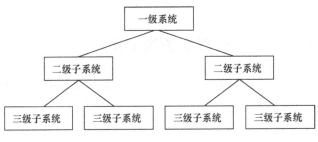

图6-33 平台多级扩展示意

每级系统都可独立工作，而且又可同时将数据向上级系统汇总，实现系统规模的纵向扩展。

（5）高可用性

高可用性是指系统的界面设计应人性化，采用B/S管理、C/S操作模式，使系统的维护更方便和快捷。无论是系统管理、各业务系统的参数配置管理、网络管理，还是对前端监控的远程控制、检索、回放录像资料、日志查询等操作，管理人员都可通过Web方式来完成。系统的界面设计应友好，能够让用户快速掌握操作方式，支持桌面应用和移动应用。

（6）采用流媒体转发及分发策略

系统应采用流媒体转发策略以提高网络带宽的利用率。

如图6-34所示，某一路视频数据被视频编码设备传输到服务器后，可由服务器在网络带宽比较宽裕时转发或分发到多个客户端，而服务器与前端的视频编码设备之间只用一路视频网络带宽。

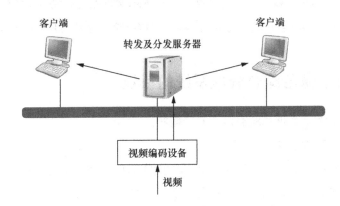

图6-34 视频数据的转发及分发示意

6.3.4　安全防范综合管理系统的架构

安全防范综合管理系统被分为设备接入层、数据交互层、基础应用层、业务实现层和业务表现层。

（1）设备接入层

设备接入层包含各监控设备、视频设备、门禁设备、报警主机等以及数据库、磁盘阵列等基础设施，为系统的应用提供可靠、有效、稳定的数据来源。

（2）数据交互层

数据交互层包含关系数据库、安全数据交互中间件等。数据交互层对操作系统、数据库、安全加密、多媒体协议进行封装，屏蔽差异，提高系统的运行效率和兼容性。

（3）基础应用层

基础应用层提供各个子系统的应用，由基础应用和业务综合应用组成。基于基础应用层的系统能满足用户实际的操作应用需求，丰富安防综合应用功能，实现了各子系统间的统一管理；同时还提供了智能安防电信系统必须具备的双机冗余热备功能，可以兼容多厂商、多种类、多协议的各种异构硬件。

（4）业务实现层

业务实现层提供在基础应用层之上的各类应用，由基础应用和业务综合应用组成。

（5）业务表现层

系统通过 Web Service 接口提供各种服务，将具体的业务展现给最终的用户。系统支持 C/S 客户端、B/S 客户端、大屏客户端、网管客户端、手机客户端以及 iPad 客户端。

6.3.5　安全防范综合管理系统的模块

安全防范综合管理系统有以下 6 个模块。

（1）集中管理模块

集中管理模块是基于实现系统管理方面的需要，统一资源、统一用户的一种系统管理方面的全新管理理念和模式。集中管理的基础是资源集中，即实现系统资源的集中录入和监控，达到系统模块之间的资源共享、协作联动和统一调度。

集中管理的资源包括视频设备、报警设备、门禁设备、梯控设备、消费设备、停车场、可视对讲等。模块之间可以独立管理，也可以集中管理；即可以独立工作，也可以协同工作。该模块可实现对资源的统一权限管理，但在资源集中的情况下要保证信息的安全。

（2）数据库管理模块

数据库管理模块是一种操纵和管理数据库的大型软件，是一个存储、维护和应用数据的软件系统。该模块统一管理和控制数据库，以保证数据库的安全性和完整性。用户通过该模块访问数据库中的数据，数据库管理员也可通过该模块维护数据库。它可以支持多个应用程序和用户用不同的方法在同一时刻或不同时刻去建立、修改和询问数据库。

（3）视频监控管理模块

视频监控管理模块集中管理视频设备、解码设备和视频存储设备等。模块采用 B/S 架构配置与 C/S 架构控制结合的方式，实现视频安防设备的接入管理、实时监控、录像存储、检索回放、智能分析、解码上墙控制等功能。

（4）门禁管理模块

门禁管理该模块主要解决智慧楼宇中出入口的安全问题，秉承统一管理的理念，以一卡通平台为基础，采用 B/S 架构配置与 C/S 架构控制结合的方式，配置端极大地满足用户对于操作方便的需求。该模块对门禁资源、卡片、人员、权限、报警等要素进行一体化管理，以中心、区域为单位实现了物理概念与逻辑概念的巧妙融合。控制端对门禁资源进行统一的操作管理，对报警、事件实现中心化管理，在满足用户对出入口安全需求的同时，提供统一、集中、系统化管理的解决方案。

（5）考勤管理模块

考勤管理模块基于考勤机和门禁机，根据刷卡数据进行考勤计算。该模块的考勤功能包括时段与班次定义、人员排班（包括倒班、跨24h上下班等情况）、考勤规则及节假日定义、刷卡记录及考勤结果查询、考勤调整、报表等。该模块采用 B/S 架构，通过向外提供 Web Service 接口的方式扩展出客户端服务器，通过设备接入服务器来管理考勤设备并记录人员的刷卡时间。

（6）停车场管理模块

停车场管理模块使用多种设备识别的方式来记录与识别车牌号码，确保车辆

的进出有据可查、进出可控。该模块可以加强对停车场的安全管理。

上海某智慧楼宇的安全防范系统

该智慧楼宇由一栋甲级办公塔楼和商业餐饮裙楼组成。办公塔楼地上最高为30层，建筑高度（屋面）为131.85m。商业餐饮裙楼的建筑高度（屋面）为39.65m。

针对该智慧楼宇的实际情况，在结合智慧建筑的发展趋势及业主需求的情况下，相关人员建设了一套安全防范系统。

一、该智慧楼宇的安全防范系统的组成及特色

鉴于该楼宇具有多功能区的特点，我们对楼宇实行分区管理，在主办公楼设置一个安全防范系统，在裙楼商业区设置一个安全防范系统。两个安全防范系统均由视频安防监控系统、入侵探测及报警系统和电子巡查系统组成。

我们通过视频安防监控系统监控电梯、消防通道、车库出入口、大楼出入口等处；系统配置硬盘录像机实时录像，可自动切换、分割、锁定图像，图像保存的时间不少于30天；录像资料标有时间、日期、摄像机编号；设备应保证质量，功能齐全；操作方便、直观、易学；所有摄像机均连接至安保机房的监控屏幕，并有相关人员监控。

入侵探测及报警系统配合在地下层出入口、水泵房出入口、一层各物业出入口、机房、值班室等重要区域安装的报警设备实现智慧楼宇的安全防范；在安保机房设置报警控制主机和报警电脑，准确显示警情发生的位置，方便安保人员快速处置。

通过电子巡查系统，安保人员巡更管理实现数字可控化，相关数据实时传输到计算机，便于管理查询；巡更点主要设置在走道、楼梯间、主要控制室等地方；系统软件使用方便，操作简单，能单独使用且无须长期占用主设备接口。

二、视频安防监控系统实现了 VGA 信号自动切换功能

该智慧楼宇的安全防范系统在安保机房配置了一台 32 进 16 出的 VGA（Video Graphics Array, IBM 提出的一个使用模拟信号的电脑显示标准）矩阵，将所有硬盘录像机的图像信号和所有控制工作站的图像根据需要切换至大屏幕显示。工作站通过 2 路分配器进行 VGA 信号分配后，一路接 LCD，另外一路进 VGA 矩阵，这样既可满足大屏显示要求，又能保证日常使用。

三、红外报警系统与视频安防监控系统实现联动功能

该智慧楼宇的主出入口、重要机房处都设置了红外探测器及摄像机，可与视频安防监控系统实现联动。

在机房或者出入口进行红外系统设防后，当有人入侵时，红外软件将在安保机房内自动报警，并自动切换至指定监视器；同时，可根据设置轮询显示周边多个摄像机的图像，确认入侵情况。只有安保人员确认报警原因并进行复位后，监视器才会再回归至显示正常情况下的摄像机图像。

当红外报警系统设防并有人入侵时，报警控制软件将根据设防区号，指定继电器发出干触点信号至监控矩阵的接收设备，通过矩阵控制软件的控制，在指定的显示器上显示该区域摄像机的图像。

四、大堂临时卡发卡系统与身份证识别系统的集成功能

为该智慧楼宇设计的大堂临时卡发卡系统主要用于为临时用户进入大楼时发放临时 IC 卡。临时 IC 卡采用实名制登记方式。当用户进入大楼访问楼内客户时，需出示二代身份证进行登记。登记完毕后，访客可通过任何一台闸机进口进入大楼。当访客结束访问出大楼时，只可通过闸机的临时卡回收通道出电梯厅，访客管理软件将自动确认该用户已出楼，并自动作废该临时 IC 卡。临时 IC 卡可每天通过卡回收装置由人工取回。

五、大堂闸机与电梯联动功能

该智慧楼宇的大堂闸机系统可与电梯实现联动：在高峰时采用正常使用功能，在非高峰时可实现通过闸机刷卡后电梯自动下降的功能。

低区电梯间如有人刷闸机卡进入电梯间时，系统将传输三组上行呼梯信号。

高区电梯间如有人刷闸机卡进入电梯间时，系统将传输四组上行呼梯信号。

第7章

智慧楼宇能效管理系统的建设

　　智慧楼宇的深入发展在推动实体建筑管理水平的智能化和自动化的同时，也会出现能耗增加的问题。因此，智慧楼宇的能效管控是至关重要的。

　　智慧楼宇能效管理系统是应用信息网络技术实时采集、汇总楼宇内用能单位和建筑物的能耗数据的节能管理系统。智慧楼宇能效管理系统可以使节能主管部门和重点用能单位及时跟踪了解本楼宇、本单位的实际耗能情况，及时、准确地把握和分析节能降耗的空间，同时该管理系统有助于加强能耗数据质量的控制，开展能源审计、能效水平对标以及提升精细化管理水平的一项重要的基础性工作。

7.1 智慧楼宇能效管理系统概述

7.1.1 建设能效管理系统的紧迫性

目前，全球与建筑相关的产业消耗了50%的地球能源，是最大的环境污染源。我国每年的单位建筑面积能耗是发达国家的2～3倍，如此高的能耗，也备受全世界的关注，中国的绿色建筑之路任重而道远。

20世纪90年代以来，随着信息技术和节能技术的发展，智能建筑应运而生，并在我国快速发展。我国智能建筑经过几十年的发展，业界逐渐意识到数据远程读取、设备远程控制在建筑中的作用和意义。

智慧楼宇能效管理系统在保证建筑内人员舒适的情况下，将能耗控制到最小，并为管理单位提供数据支持。智慧楼宇能效管理系统可在任何建筑中使用，可以帮助工作人员分析能源数据。

智慧楼宇能效管理系统是物联网在建筑能源管理领域的具体实施，将建筑整体作为一个能耗单元，以建筑运行状态（建筑内舒适度标准）作为控制目标，调控建筑内所有的系统及设备的运行。

7.1.2 智慧楼宇能效管理系统建设的基本思路

我们在智慧楼宇中建设能效管理系统时，首先要考虑建筑的能耗情况，结合先进的技术手段控制各环节的能耗情况。

① 充分使用可再生能源，如太阳能、风能等。其中，光伏发电是可再生能源的重要组成部分，它集开发利用、绿色可再生、改善生态环境与生活等功能于一体，日益受到关注。

② 综合利用技术及现代管理手段节能增效。我们在每个工位上安装电能采集、

控制装置，并通过智慧楼宇能效管理系统实时采集各办公室内的用电信息，以便实时地评估整栋大楼的能耗，同时配合远程控制开断功能，可有效控制能源的使用，并提高能源的利用效率。

7.1.3 智慧楼宇能效管理系统的功能

智慧楼宇能效管理系统采用国际先进的采样监测技术、通信技术和计算机软硬件技术等，以水、电、气、油等介质为监测对象，为楼宇建立一个能源管控中心，可实时采集、计量和计算、分析能源的使用情况，实现能源与节能管理的数字化、网络化和空间可视化，完善能源基础数据体系，创新能源监督管理模式。智慧楼宇能效管理系统监控和管理能源的使用情况，实现科学分析、预测和预警功能，并通过门户网站、无线终端等手段为工作人员提供多方位、可视化的数据信息查询和决策支持服务，同时帮助企业查找自身存在的浪费或管理问题，达到科学用能、节能降耗的目的。

智慧楼宇能效管理系统应实现以下功能。

（1）建筑系统的集成

建筑物内的大量能耗与设备数据是建筑节能的基础。我们只有收集详尽的能耗数据（除了常规的电、水、冷热量、燃油、燃气、燃煤等数据，还需要收集建筑地理信息、环境数据、财务信息、人流信息以及其他第三方信息），才能有效地综合分析建筑物的能效。智慧楼宇能效管理系统通过建立能耗模型、监控能耗设备的运行状态、优化设备配置，达到节能降耗的目的。因此，如何有效地收集建筑物的信息数据并有效地组织分析数据使之为建筑节能服务成为首要解决的问题。

我们将智慧楼宇能效管理系统部署在一台中央管理计算机上，这样系统可以知道建筑能源的运行状况，并汇集所有关于智能中心正常运行的重要的报警信息，这些信息被统一监控，系统还可以定期地输出运行状况的报告，为智能中心的经济运行提供可靠、完整的依据。

（2）能耗数据的分析

能耗数据的分析是智慧楼宇能效管理系统的核心。智慧楼宇能效管理系统将各种类型的运行数据推送至各能耗数据分析模型中，以建筑管理者设定的运行参

数为依据，以实时收集的建筑运行数据为基础，能耗数据分析模型将分析结果传送到设备控制模块，进而控制建筑用能、耗能系统。

（3）数据存储转储的方法

智慧楼宇能效管理系统存储各系统采集的大量数据，这是能耗计量分析工作的关键步骤之一，同时系统还能方便准确地读取和转存这些数据，这也是进行能耗分析的保证。智慧楼宇能效管理系统提供的数据库负责和 I/O 调度程序的通信，以获取各效能系统的采集数据，核心数据库作为数据源在本地给其他程序提供实时和历史数据，数据库之间可以相互通信，并支持多种通信方式。

（4）能效关系统显示

智慧楼宇能效管理系统能够根据应用需求给出统计区域内任意范围、任意时间段、任意能效系统、任意单个设备的详细能耗数据，用户可查询详细的能耗数据报表，还可根据需要指示系统将能耗数据报表以柱形图、曲线图、饼图、散点图、面积图等形式展现，从而直观地分析数据。

（5）能耗异常报警与能耗预警

智慧楼宇能效管理系统可对子系统和设备进行报警提示，处理大量报警数据，并将这些信息形成报警事件，以多种方式及时发送给相关人员，从而实现异常与超标的及时报警。

系统具有能耗预警功能，包括事故报警与预告报警，具体解释如下。

1）事故报警

当发生事故时，事故报警模块立即发出报警（报警音量可调），同时运行工作站的显示屏显示红色报警条文。

2）预告报警

预告报警发生时的处理方式与上述事故报警的处理方式相同。部分预告信号应具有延时触发功能。

（6）数据查询服务

智慧楼宇能效管理系统应提供查询服务，也展示能源消耗的使用情况，所有的展示界面均在客户端制作并实现。用户可按不同时段对能耗数据进行统计查询，也可按不同区域、不同能源类别、不同类型设备对能耗数据进行统计查询。查询方式包括设备列表查询、趋势图查询、饼图查询和单耗查询等。

系统通过统一的图形化人—机界面，实现了对各子系统的实时监控和管理，各子系统之间的数据能够进行交互，信息能够互联、互通、互用，从而为管理者提供一种高效、集中、优化的管理手段。

7.2 智慧楼宇能效管理系统的架构与子系统的建设

7.2.1 智慧楼宇能效管理系统的架构

智慧楼宇能效管理系统的架构如图7-1所示。

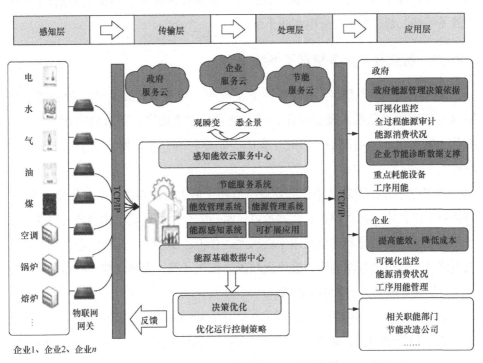

图7-1 智慧楼宇能效管理系统的架构

（1）感知层

感知层主要通过电能表、能量表、水表等获取各回路的电耗及相关电力参数、能量消耗和水耗等能源信息。

（2）传输层

传输层主要是把能源基础数据转换成 TCP/IP 格式并上传至节能服务系统中。

（3）处理层

处理层主要负责汇总、统计、分析、处理和存储能耗数据。

（4）应用层

应用层主要展示和发布存储层中的能耗数据。

7.2.2　智慧楼宇能效管理子系统的建设

智慧楼宇能效管理系统包括智慧楼宇水务管理子系统、智慧楼宇供热管理子系统、智慧楼宇供气管理子系统、智慧楼宇垃圾处理监管子系统、智慧楼宇照明监管子系统、智慧楼宇变配电监测子系统。

7.2.2.1　智慧楼宇水务管理子系统

我们在建设智慧楼宇水务管理子系统时，应充分地使用物联网技术、短距离无线网络通信技术及轻量化云平台技术，实现楼宇水务管理的智能化、精细化、网络化，达到准确、准时、集中控制等目的，极大地方便了水力资源的管理。

智慧楼宇水务管理子系统的建设价值在于最大限度地提升水务的管理水平，包括对正常供水、二次供水、管网抢修、水质安全监测、城市排涝等的管理。该子系统充分运用信息和通信技术手段感测、分析、整合楼宇运行核心系统的各项关键信息，对供水管网的压力进行更精确的细化计算，更科学地为不同区域分配水压，实现管网信息的数字化监管。

该子系统对楼宇内的企业进行用水信息的智能采集以及缴费管理，大大降低人工成本和劳动强度，减少人为错抄、漏抄、误抄等情况，并减少抄表给单位 / 企业用户带来的诸多不便。

1. 子系统建设的目的

建设智慧楼宇水务管理子系统的目的如下：

① 帮助自来水公司解决抄表难、错抄、漏抄、统计复杂等问题，同时减轻收费统计人员的工作量，提高了时效性和准确性；

② 实现远程末端压力监测，完善主水管网压力监测平衡系统；

③ 真实地反映各时段用水情况，为相关部门提供实时的供水监测数据。

2. 智慧楼宇水务管理子系统中的两个子系统

智慧楼宇水务管理子系统包含单位／企业水务综合管理系统和主管网水平衡监测系统两个子系统。

（1）单位／企业水务综合管理系统

单位／企业是单独的个体，其水务管理与居民区的水务管理有所不同。居民区内部的水务管理委托物业公司进行，这样比较方便。而单位和企业的主供水管道的水务需要由自来水公司来管理，而企业内部则实行的是自管模式，这就需要建设单位／企业水务综合管理系统。系统应实现所有单位／企业以及居民区总供水管道水表的水量计量与远程抄表以及压力监测，实现多种缴费模式缴费，使水务管理更加智能化、精细化、网络化，并保障供水安全，使水务管理更加人性化。

为实现上述功能，单位／企业需要安装总供水管道用水计量设备，完成智能化水表、智能化无线水表、水质监测仪表、压力监测仪表、网络采集设备等现场设备的安装，还要完成楼宇内各单位的总水表（压力表）以及二、三级水表（压力表）及网络传输设备的安装。

（2）主管网水平衡监测系统

建设主管网水平衡监测系统的目的是保障供水安全及杜绝水资源浪费，该系统建设应具备如图 7-2 所示的功能。

7.2.2.2 智慧楼宇供热管理子系统

1. 建设智慧楼宇供热管理子系统的意义

（1）办公楼实现分时分温供暖

目前，在楼宇的供暖系统中，办公区的供暖特性是只需做到在上班时间供暖，其他时间只需进行低温防冻运行即可，由此可节省大量的热能。

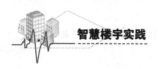

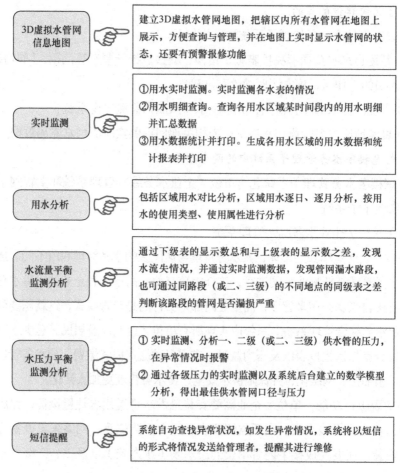

图7-2 主管网水平衡监测系统应具备的功能

（2）室内设置温度检测

供暖用户单位一般很少预先安装室内温度采集器，户内的实际供暖温度都是采用人工上门检测的方式，烦琐之余也会干扰用户。

（3）该子系统可对运行进行管理

相关部门如想让供暖系统达到理想的节能效果，需加强供热系统的管理并加大科技的投入力度。智慧楼宇供热管理子系统可将所有需要采集和控制的部分全部集中控制，以方便集中处理、记录、查询数据，达到理想的节能效果。

2. 智慧楼宇供热管理子系统的功能

智慧楼宇供热管理子系统具有如下功能。

（1）抄表管理

1）自动抄表

抄表管理是热计量收费的数据基础，而自动抄表是热计量收费系统达到自动化的一个主要特征。自动抄表要求热量表为智能热计量表，部署在小区、楼、户。热计量表的参数可被定时发送至中继器，最后传输到中心服务器。

中心服务器设置初始化记录客户基础信息、热计量表基础信息，并将采集的信息（累积热量、累积流量、累积工作时间、入口温度、出口温度、采集时间等）保存到关联的客户信息中。

2）手动抄表

对于未集成于系统中或特殊的热计量表数据，工作人员也可从原有的热计量表厂商处计量数据，或使用热计量收费系统导出的抄表模板，打印后上门抄表，最后导入热量表的数据。最终将所有客户相关的数据都纳入系统，并进行统一管理。

3）采集监控

系统根据设定好的采集频率，自动完成数据的采集和入库，并实时地监控集中器、中继器、热计量表的工作状态，提醒工作人员去维修出现故障的设备。

（2）温度控制的设定

在系统软件中，系统可以设定每个安装了分户调节系统区域的温度，可根据上限温度和下限温度两个参数控制，当高于上限温度或是低于下限温度时，通过调节电磁阀，使室内温度维持在上限温度和下限温度之间。

（3）设定供热模式

① 时间控制：办公楼的供热可以设定为工作时间正常供暖，其他时间只需使之处于低温防冻运行即可。

② 临时规则设置：比如用户要求某会议室一直供暖、某时间段有工作人员加班需临时供暖等的需求时，楼栋管理员可通过该子系统设置，提供额外的供暖时间。

（4）状态查询

管理人员可在系统中查询、了解每个热计量表的信息，包括表类型、表开启的状态、计量单位、直径、生产厂商、生产时间、使用时间、累积热量、累积流量、

累积工作时间、末次抄表时间等。

（5）统计分析

统计分析的项目包括4个方面，具体见表7-1。

表7-1　统计分析的项目

序号	分析项目	说明
1	仪表故障分析	同一个热力公司往往会采用多家热量表生产企业的多种类型的热量表产品，这些产品的设计理念、管理方式、产品质量参差不齐。在热计量收费系统中，除了实时监控各仪表的工作状态、采集历史的数据外，还能真实反映热计量表的安装、通信、供热/回水、热量故障、流量监测故障等情况，从而为供热企业在未来产品的选型和数据的矫正做参考
2	异常数据分析	子系统支持对采集的历史数据进行异常数据的自动分析，结合户热计量表和楼热计量表的数据，提示哪些仪表设备出现异常，分析偏离值异常的数值并矫正数据，使数据切实成为热计量计费的流量数据
3	热量走势分析	可对单一客户生成热量走势报表，以查看供热站所管辖的小区和楼的热量走势数据，以及了解相关整体供热收费和收费率情况
4	热耗分析	对同一单元的各个客户进行热量的消耗分析，或将某一个客户的热量消耗情况按日期进行走势分析，也可查看供热站所管辖的企业和楼栋的热量消耗情况

3. 建设智慧楼宇供热管理子系统的建设方案

（1）总体架构

设立的节能管理监控中心将楼宇内所属各处现场读取的热量计量数据通过网络（有线、无线）传至数据库服务器，管理人员依据不同权限可远程访问数据库服务器，实时查看热量能耗的使用情况。

该系统使用Oracle数据库对数据进行存储和管理，同时方便将来其他系统扩展和使用。

（2）建设规模

智慧楼宇供热管理子系统的总体架构由架设在智慧楼宇监管系统平台机房中的服务器（公共资源）、若干个各企业现场采集计量系统（含热量表）、控制单元（含可控电磁阀）组成，各采集计量系统之间通过自行组织的无线网络进行通信。

7.2.2.3 智慧楼宇供气管理子系统

我们在建设智慧楼宇供气管理子系统时，应充分地使用物联网技术、短距离无线通信网络技术及轻量化云平台技术，实现楼宇供气管理的智能化、精细化、网络化，达到准确、准时、集中控制等目的，极大地方便了供气资源的管理。

该系统可协助供气公司实现用气信息的智能采集、缴费管理，运用计量数据自动生成用户用气的日、周、月、年报表，进行同比和环比的分析。

1. 子系统的建设目的

建设智慧楼宇供气管理子系统的目的如下：

① 帮助供气公司解决抄表难、错抄、漏抄、数据统计复杂等问题，同时减少收费统计人员的工作量，提高了工作的时效性和准确性；

② 真实地反映各时段用气的情况，为相关部门提供了实时的监测数据。

2. 智慧楼宇供气管理子系统的子系统

智慧楼宇供气管理子系统包含单位／企业用气综合管理系统和燃气管网平衡监测系统两个子系统。

（1）单位／企业用气综合管理系统

建设单位／企业用气综合管理系统的目的是实现所有的单位／企业以及居民小区总供气管道与各级分支气表的气量计量与远程抄表同步，以实现多种缴费模式缴费，使供气管理更加智能化、精细化、网络化，并保障供气安全。

为实现上述功能，各单位／企业需安装总供气管道及各级分支气表的用气计量设备，完成智能化气表、智能化无线气表、网络采集设备等现场设备的安装，同时完成网络传输设备、服务器机房等的建设，并搭建好系统云平台。

（2）燃气管网平衡监测系统

建设燃气管网平衡监测系统的目的是实时监测供气管网的气量平衡及压力平衡，及时发现管网破损及漏气的现象，保障供气安全及杜绝资源浪费。该系统具备的功能见表7-2。

表7-2 燃气管网平衡监测系统的功能

序号	功能	说明
1	3D气管网信息地图	建立3D虚拟气管网地图,把园区内所有的气管网在地图上展示,方便工作人员查询与管理
2	实时监测	实时监测各气表的用气情况
3	用气明细查询	查询各用气区域某时间段内的用气明细和汇总数据
4	用气统计	统计各区域的用气数据,并支持数据的导出和打印
5	用气分析	对比与分析各区域用气情况,区域用气按日、月分析,也可按用气的使用类型、使用属性分析
6	同比、环比分析	对各区域的用气情况按月、季、年进行同比、环比分析
7	气流量平衡监测分析	通过下级燃气计量表的示数总和与上级燃气计量表示数之差,发现天然气的流失情况;通过实时监测数据,发现管网漏气路段;通过同路段而不同地点的同级表之差判断该路段的管网是否存在严重漏损的情况

7.2.2.4　智慧楼宇垃圾处理监管子系统

　　智慧楼宇需以科学发展观为指导,按照区域规划调配,通过属地具体负责的原则,依靠垃圾收运体系建设和管理,规范垃圾收运及消纳处置,进一步提升楼宇环卫的管理水平。上述工作可提高生活垃圾回收利用率;充分整合资源,进行大件垃圾集中收集、转运以及特种垃圾、建筑垃圾的有效处置,解决垃圾收运处置的难题;规范辖区垃圾的收集、运输、处置及管理工作;并保证垃圾处理费可以及时、足额上缴。

　　1. 智慧楼宇垃圾处理监管子系统的建设目的

　　建设智慧楼宇垃圾处理监管子系统是对企业的垃圾计量数据和过程等指标进行联网监管,并监管垃圾物流储运的过程,保证垃圾计量数据的原始性、准确性、公正性,监督企业在垃圾清运过程中是否符合和达到智慧楼宇的相关标准和制度,建立垃圾清运分析评价系统,进而将分析评价结果与垃圾清运费拨付挂钩,规范垃圾物流储运工作的规范性、有效性和及时性。垃圾称重、运送车辆信息和数据通过网络与智慧楼宇能效监管系统实现无缝对接,方便相应职能部门的监督和管理。

2. 智慧楼宇垃圾处理监管子系统的方案设计

我们应安装视频监控系统以监督各企业的垃圾运输车进出垃圾处理站的称重过程，保证垃圾倾倒量的准确性。智慧楼宇垃圾处理监管子系统宏观监控监控区域内的人流、物流、垃圾车辆、垃圾倾倒情况；也为工作过程保留有利的现场依据，如遇突发事件时便于查证。为了能掌握重点区域的监控图像，摄像机设置分布必须合理，尽量避免监控死角。

7.2.2.5 智慧楼宇照明监管子系统

路灯是和人们生活密切相关的公共设施，在一定程度上反映了城市的繁荣程度及发展水平。随着科技的发展，路灯系统经历了手工控制、自动定时/光电控制、计算机程序控制的发展过程。当前，用计算机来实现路灯系统的自动控制，对于提高现代化管理水平，节省人力、物力，都具有良好的经济效益和社会效益。

无线数字式通信系统是实现对智慧楼宇照明监管子系统的远程实时监测、控制和信息管理，使路灯管理部门及时掌握路灯照明系统的运行状况，及时发现有故障的设备。相关人员还要制定路灯照明系统的运行标准，达到路灯照明系统科学合理、安全可靠、经济节能运行的目的。

1. 智慧楼宇照明监管子系统的设计

楼宇采用先进的照明监管子系统，可以统一启闭楼宇范围内的路灯系统，实时监控和管理夜间照明系统，确保照明设备高效、稳定地运转。

（1）系统网络结构设计

智慧楼宇照明监管子系统是系统功能的核心，具备分析、汇总、存储数据以及发布控制命令等功能，同时具备路灯巡检、路灯设备管理、路灯运行维护管理及相关运行报表的功能。

智慧楼宇照明监管子系统的管理中心由硬件通信服务器、数据库服务器、工作站和相关网络设备组成。

（2）建设内容与功能设计的要求

该子系统的建设内容与功能设计应满足以下要求：

① 该子系统的设计应结合原楼宇路灯设施、供电等现场情况进行"量身订做"，遵循路灯管理部门提出的技术要求；

② 为保证系统的可靠性和可扩展性，我们应选用模块化的系统设备架构，设备的可塑性和可配置性应满足系统所处的复杂环境等的各种应用需求，并为将来系统扩大规模和扩展功能提供良好的基础；

③ 系统设计应考虑楼宇所在区域的气候特点；

④ 选用国际主流技术和软件平台，适应科技发展的前瞻性，方便系统的维护和升级；

⑤ 确保管理系统基本任务的实现，确保将现场采集的任何数据和各种控制指令准确无误地传递到监控中心。在具备基本功能的前提下，在组网合理、维护方便的基础上，确保系统具备可操作性和实用性的特点。

2. 智慧楼宇照明监管子系统的功能

智慧楼宇照明监管子系统应具备表7-3所示的功能。

表7-3 智慧楼宇照明监管子系统的功能

序号	功能	说明
1	数据采集功能	可以实现集中控制器对监控中心的远程上报。每个灯控器和每条回路的数据报文内容包括控制状态、故障状态、亮灯方式、单灯电压、单灯电流、单灯功率、回路三相电压、回路三相电流、回路功率以及用电情况等
2	控制功能	该子系统对网内路灯可以从经纬度对回路进行自动控制，同时可实现分时面控（全园或某一个区）、线控（一条线路）、点控（一盏路灯），也可以进行任意组合控制，如隔一亮一、隔二亮二、前半夜和后半夜交替的工作方式进行设置，也可按入驻企业方的实际情况进行设置和控制
3	能源计量功能	该子系统可以实现全部路灯的电量计量以及每条回路的电量计量，可按日、月、年和特定时段的用电情况生成报表。数据也可通过数据库共享等方式嵌入管理平台中
4	巡查功能	该子系统可实时采集并存储单灯的运行数据
5	报警功能	监控终端运行中出现的各种故障均可优先报警，主动报警的内容归纳如下： ① 白天亮灯； ② 晚上熄灯； ③ 电压报警、过高/过低电流报警、大于/小于实际电流。 出现上述故障时，可随时主动向主站报警
6	数据修改功能	监控中心利用下行数据可以修改集中管理器中的各项工作数据。集中管理器既可以就地用键盘输入数据参数，也可以从监控中心直接下发数据参数，具体可修改的数据包括：① 系统分站内路灯容量的修改；② 系统自动循测时间间隔的修改；③ 自动序列表时间参数的修改；④ 调压参数的修改；⑤ 报警上下限参数的修改；⑥ 亮灯方式的修改；⑦ 控制类别参数的修改；⑧ 通信方式及各种参数的修改

（续表）

序号	功能	说明
7	打印和统计功能	系统可以用直方图、曲线图等方式打印日报、月报、年报表，或者即时打印预订的任何数据，如亮灯率、故障灯率、故障灯数量及编号清单、功率、时钟、日期、电流、电压参数等，并进行自动统计
8	智能自动序列控制	该子系统和集中控制器会自动计算每天的开关灯时间，同时在每个集中管理器内存储一个自动执行序列表，该表划分了最多6个时间段（可启用其中一部分），在相应的时间段可执行预设的多种亮灯方式
9	光照度控制	如遇特殊天气需要提前开灯时，该子系统自动通过光照度仪器采集当前室外的光照度：当低于预设光照度值时，立即向集中管理器发送光控开灯命令；同样，当早晨需要延迟关灯时，系统会根据室外光照情况执行延迟关灯的命令
10	系统扩容功能	根据本区域的发展和管理内容增加或减少系统容量，本系统的最大容量不受限制
11	系统任意组装拼接功能	系统采用模块化方式管理，中控室和分站集中管理器模块相互统一，不受数量限制。中控室的分站硬件既可采用成套系统，又可对已有控制系统进行嫁接改造，具有点控、线控模块

7.2.2.6 智慧楼宇变配电监测子系统

（1）智慧楼宇变配电监测子系统建设的目的

智慧楼宇变配电监测子系统建设的目的如图7-3所示。

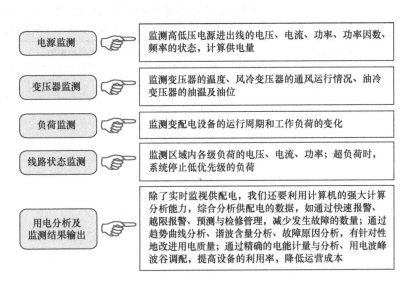

图7-3 智慧楼宇变配电监测子系统建设的目的

185

（2）智慧楼宇变配电监测子系统的功能

智慧楼宇变配电监测子系统应满足表7-4所示的功能。

表7-4　智慧楼宇变配电监测子系统的功能

序号	功能	说明
1	数据采集	数据采集是配电监控的基础功能，主要由现场测控层仪表采集完成，实现远程数据的本地实时同步更新。需要完成采集的信号包括远程设备运行状态等数据
2	数据处理	主要是将按要求采集到的电参量实时、准确地显示给用户，达到配电监控的自动化和智能化要求
3	数据库建立与查询	主要完成遥测量和采集工作，并且建立数据库，一定时间内将所采集到的实时数据存入数据库，供用户自行查询
4	历史数据及实时数据输出	当用户查询数据时，可以选择将报表输出为一个文档或者直接打印以供存档
5	故障报警及事故追忆	当配电系统发生运行故障时，电力监控系统会在0.3s内发出声光报警，提示用户及时响应故障回路，同时自动记录事件发生的时间和地点，以供用户查询故障原因
6	自动生成运行负荷曲线	定时采集进线及重要回路电流负荷参量，自动生成运行负荷趋势曲线，方便用户了解设备实时和历史的运行负荷状况
7	网络访问	管理人员可通过IE浏览器远程访问配电监控系统，方便管理人员在中央监控室以外的地方查看配电系统的运行数据
8	用户权限的管理	针对不同级别的用户，系统设置不同的权限组

第8章

智慧楼宇综合管理系统的建设

　　智慧楼宇综合管理系统能够采集、监视和共享楼宇内所有的信息资源。该系统有两个子系统：一是面向用户的综合管理系统，主要是对物业管理系统、一卡通系统、办公自动化系统、通信系统进行综合管理；二是面向设备的综合管理系统，主要是对设备自动化系统、安全防范系统和消防报警系统3个子系统进行综合管理。

一个典型的智慧楼宇综合管理系统是以综合布线为基础，将楼宇自动化系统、安全防范系统、火灾报警与消防联动控制系统、停车场控制系统等集成为一个中央信息系统。先进的网络技术、计算机技术和现代控制技术可以对楼宇内部的全体对象（如设备、人们的活动、重要场所）进行集中管理，以提高整个楼宇的管理水平。

智慧楼宇综合管理系统更突出的是管理方面的功能，即如何全面实现优化控制和管理，以及节能降耗、高效、舒适、环境安全。因此，判断一栋楼宇是否具有智慧建筑的特点，要看它是否建设智慧楼宇综合管理系统。

8.1 智慧楼宇综合管理系统的结构

智慧楼宇综合管理系统以网络技术、计算机技术、通信技术、控制技术和数据处理技术等多项技术为基础，以现代楼宇经营管理模式为手段，以实现安全、稳定、高效和集约式管理为目的的综合集成管理平台。智慧楼宇综合管理系统的特点是整个楼宇的管理、监控系统的集成化、信息化和智能化，从层次上看，这三者紧密相连、互相依托、互相支持。

（1）集成化

集成化是智慧楼宇综合管理系统的基础，依托于内部网，使智慧楼宇的各子系统（主要是指建筑设备管理系统、信息网络系统和通信网络系统）实现互联，现代网络技术可提供高达千兆的内部传输带宽，保证楼宇内各系统高速、可靠地传输数据，并通过开放的网络接口，实现远程的授权监控和管理。

（2）信息化

信息化是智慧楼宇综合管理系统的核心，整个楼宇设备的运行信息、人员管理信息、物流信息、服务反馈信息等构成庞大的管理信息源。信息化的目的是充分收集各种信息，为系统优化提供数据支持，为管理者提供有效的决策依据。

（3）智能化

智能化是建设智慧楼宇综合管理系统的目的，智能化的关键是科学地分析和处理数据，有效、方便地提供给管理者最真实的综合业务状况，并提出相应的优化管理和运营方案。

8.2 智慧楼宇综合管理系统提供的服务

智慧楼宇综合管理系统为使用者提供如图 8-1 所示的服务。

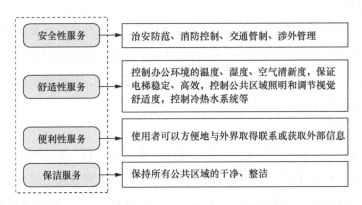

图8-1 智慧楼宇综合管理系统为使用者提供的服务

该系统不仅能提供实时信息，而且可以提供趋势分析和广泛的历史数据。目前，主流的楼宇设备厂商有霍尼维尔、西门子和江森等，这些厂商具备良好的设备管理能力和数据分析以及信息共享能力。

8.3 智慧楼宇综合管理系统的开发方式

首先，智慧楼宇综合管理系统是一体化的集成管理、监控的实时系统，能够

采集、监视和共享楼宇内所有的信息资源。该系统可对信息进行整理、优化、判断,给楼宇的各部门、各级别管理人员提供决策的依据,给楼宇的使用者提供安全、舒适、快捷的优质服务。

其次,智慧楼宇综合管理系统是一个典型的分布式计算机系统,由多台在地理位置上分散的微机或工作站经互联网络连接,并采用分布式操作系统组成的计算机架构模式。同时,系统中的各智能单元既相互协作,又高度自治。

再次,智慧楼宇综合管理系统的设计采用实时多任务、多用户的操作方式。设计时确保系统在信息共享和处理速度上具有快速响应的能力。

最后,智慧楼宇综合管理系统采用统一的图形界面,能为用户提供方便、友善、便于操作的环境。

智慧楼宇综合管理系统是一个复杂的软件系统,不仅可以对各弱电子系统进行分散式控制或集中管理和监控,使不同的子系统之间的接口和协议达到互操作,同时还能适应发展变化的需要。从软件工程的角度来看,智慧楼宇综合管理系统的设计原则如下。

(1)开放性

智慧楼宇综合管理系统是一个开放系统,集成的过程主要是解决不同系统间的接口和协议的标准化,以使它们之间做到相互操作。智慧楼宇综合管理系统应当提供标准数据接口、网络接口、系统和应用软件接口。智慧楼宇综合管理系统开放性的特征如下:

① 扩展性好、灵活性好;

② 兼容性和应用软件可移植性强;

③ 方便维护、生命周期长。

(2)模块化

智慧楼宇综合管理系统要严格按照模块化结构方式开发,以满足通用性和可替换性。

(3)互连性

智慧楼宇综合管理系统的互连性体现在传输媒体和结构化综合布线系统、各种网络设备的配置、各种网络互连设备的配置以及各类机电设备、话音/视频设备和各类控制设备等的互联互通。

（4）可管理性

智慧楼宇综合管理系统的网络管理十分重要。管理这样的一个网络有如下要求：

① 要具备支持网络监视和控制的能力，能监视、控制网络主要的设备；

② 要有尽可能广的管理范围；

③ 网络管理标准化。

（5）先进性

智慧楼宇综合管理系统要采用与技术发展潮流相吻合的产品，以建立一个可扩展的平台，保护前期工程和后继先进技术的衔接，使系统具有先进性。

（6）经济性

经济成本是智慧楼宇综合管理系统建设与运营必须考虑的因素之一，要求系统设计者从系统目标和用户需求的角度出发，在功能完善的基础上达到造价相对合理经济。

（7）高效率

智慧楼宇综合管理系统工作效率的高低体现在系统性能上，主要包括以下3个方面：

① 系统实时响应与控制的能力强；

② 通信的传输速率高，带宽大；

③ 服务器响应数据库请求的能力强。

8.4 面向设备的智慧楼宇综合管理系统

在面向设备的智慧楼宇综合管理系统中，有设备自动化系统、安全防范系统和消防报警系统3个子系统，且每一个子系统都是能够独立工作的。

1. 设备自动化系统

设备自动化系统具备的功能见表8-1。

表8-1　设备自动化系统具备的功能

序号	功能	说明
1	对暖通空调设备的监控功能	包括监控空调机组、新风机组、送/排风机组、冷冻机、热泵、钢炉、热交换机等的运行状态
2	对给排水设备的监控功能	包括监控生活饮用水设备、污水处理设备的运行状态、各种泵的状态和检测水位
3	对供配电系统的监控功能	监视发电机、高低压柜主开关的状态、变压器和配电柜的运行状态及参数，同时还可控制各路开关的起停
4	电梯等设备的监控功能	监控电梯、自动扶梯的运行状态
5	对智能照明系统的监控功能	监视各灯具的运行状态，处理手动/自动状态及故障报警等，同时控制各灯具的开关

2. 安全防范系统

（1）入侵报警集成系统

① 安防控制中心实时监测各种入侵探测器／报警器探头和手动报警器的运行、故障、报警、撤防和布防状态，以动态图像报警平面图和表格等形式实时显示。中心发现入侵时，能准确报警，并以图像或声音等方式向管理者发警示信息，直至管理者确认信息。

② 安防控制中心应提供与当地保安监控中心互联所必需的接口协议，实现信息共享，门禁、闭路电视监控等相关系统之间可以自动完成互相联动。

③ 经安防控制中心授权的操作者可以向入侵报警系统发出控制命令，进行设防／撤防管理，同时记录和存储操作。

（2）闭路电视监控集成系统

① 安防控制中心实时监视闭路电视监控系统的主机。安防控制中心应显示监视摄像机的位置、状态，以及图像信号的电视面图。报警时，安防控制中心快速将报警点所在区域的摄像机自动切换到预置位置，并在智慧楼宇综合管理系统上显示，同时录像。

② 安防控制中心提供与当地保安监控中心互联所必需的接口。

③ 安防控制中心与门禁系统之间实现联动控制，当有人进入读卡区域时，摄像机也可将过程切换到控制室并录像，同时联动门禁出入口系统，关闭该区域必

经出入口，提醒值班人员发生警情，由保安人员及时处理。

④ 操作者可操控权限内的任意摄像机或观察所属岗位权限内的画面。

3. 消防报警系统

消防报警系统本身除了具备国家规定的联动功能以外，还能够实现与其他智能化系统的全面联动，特别是与智慧楼宇综合管理系统直接联网通信。

① 在智慧楼宇综合管理系统平台上，消防报警系统与消防控制中心同步实时监视消防系统，包括火灾报警探测器、自动灭火系统、消防广播、防火门、排烟风机和排烟阀等运行、故障、报警等有关信息，并以动态图像报警平面图和表格等形式实时显示。

② 硬件和软件的加密方法确保消防数据流和消防系统的安全。

③ 提供与当地消防报警监控中心互联的接口。

④ 该系统与 BAS 联动检验 BAS 给水设备的运行状态，如果正常供水的设备出现故障或出现低水位报警等情况，通过专家系统给出操作建议；该系统检验 BAS 报警楼层的空调设备，如果未关闭空调设备，通过专家系统给出警告和操作建议；检验 BAS 的报警楼层排烟设备，如果未开启排烟设备，通过专家系统给出警告和操作建议；检验 BAS 的报警楼层供电情况，如果未切断供电，通过专家系统给出警告和操作建议；该系统与 BAS 联动，控制所有电梯归停首层，并切换窗口监视消防电梯的运行状态。

⑤ 与门禁系统进行联动。发生火灾报警时，联动控制门禁系统打开所有的消防通道门，以便疏散楼内人员和方便消防人员进入。

⑥ 与闭路电视监控系统联动。发生火灾报警时，闭路电视监控系统自动将火警相近区域的摄像机的摄像画面切向保安中心主监视屏，并提示有警情，值班人员可确认火警发生情况和监视人员疏散情况，并及时通知相关人员进行处理。夜间可联动楼宇控制系统打开该区域的灯光照明，能够通过监视图像判断火警灾情。

⑦ 与公共广播系统联动。发生火灾报警时，广播系统自动切换到应急广播状态，并根据报警区域向广播分区自动播放相关内容，以便于人员疏散。

4. 巡更系统

① 可实时监视巡更系统主机，以平面图和表格形式显示巡更路线、时间和巡更者的位置。

② 授权人员可向巡更系统发出控制命令，指挥巡更员工作，同时进行记录和存储。

③ 能实现信息共享，在智慧楼宇综合管理系统平台上可向巡更系统发出指令，调动巡更人员的救灾工作，以利于安全救灾。

④ 与安防等相关子系统联动。

8.5　面向用户的综合管理系统

在面向用户的综合管理系统中，主要有一卡通系统、物业管理系统、办公自动化系统。

1. 一卡通系统

（1）对通道进出权限的管理

对通道进出权限的管理功能包括以下 4 点。

① 管理进出通道的权限、进出通道的方式和进出通道的时段等。

② 实时监控功能。系统管理人员可以通过显示屏，实时查看每个门区人员的进出情况（同时有照片显示）、每个门区的状态（包括门的开关，各种非正常状态报警等）；也可以在紧急状态下打开或关闭所有的门区。

③ 查询出入记录功能。系统可储存所有的进出记录、状态记录，可按不同的查询条件查询。

④ 异常报警功能。在异常情况下，可以实现屏幕报警或报警器报警，如非法侵入、门超时未关等。

（2）停车场管理系统

停车场管理系统查询功能可以按日期和类别（车辆入库和车辆出库）进行查询。每项查询事件包括时间、通道号、描述、车号和车辆类型，还能够进行进出口视频图像的对比。

2. 物业管理系统

物业管理系统是智慧楼宇综合管理系统的一个重要组成部分,通过物业管理系统,实现设备的台账管理、检修管理、楼宇内平面空间管理、租赁管理、停车场管理、消防管理、三表抄送和投诉管理等。

3. 办公自动化系统

办公自动化系统具备的功能见表8-2。

表8-2 办公自动化系统具备的功能

序号	功能	说明
1	大屏幕显示及触摸屏引导系统	办公自动化系统与物业管理系统、一卡通系统通过网络互联,实现数据共享
2	数字会议系统管理	会议室内部使用和对外租用的安排、设备维护等
3	公文管理	收文管理、发文管理、催办督办、工作评议等
4	系统管理	人员注册、流程设置、角色管理、日志管理、系统备份等
5	公共信息	规章制度、学习园地、办事指南、新闻公告、日常信息、用户手册、大事记、通信簿等栏目
6	资源管理	管理办公用品、图书期刊、车辆、固定资产等
7	交流天地	有电子论坛、在线交流等栏目
8	个人办公	日程安排、待办事宜、电子邮件、名片夹、资料收藏等
9	档案管理	档案登记、整理、借阅、提供阅读场所等
10	行政管理	工作简报、请示报告、会议管理、计划管理、请假出差、通知、公告等

智慧楼宇综合管理系统是楼宇内各个弱电子系统的业务应用集成,作为楼宇设备运行信息的交汇与处理中心,管理者通过统一的智慧楼宇综合管理系统操作平台实现对汇集来的各类数据信息进行分析、处理和判断,并对各类设备进行分布式监控和管理,使各子系统的设备始终处于有条不紊、协调一致的高效、被控状态下运行。通过智慧楼宇综合管理系统操作平台的应用部署,在为楼宇提供统一集中管理、统一的安全保证的前提下,可以最大限度地节省能耗和日常运行维护管理费用。

参 考 文 献

[1] 段怒．建筑设备自动化系统工程 [M]．北京：机械工业出版社，2016．

[2] 刘化君．综合布线系统 [M] 第 3 版．北京：机械工业出版社，2014．

[3] 张九根，张水坚．公共安全技术 [M]．北京：中国建筑工业出版社，2014．

[4] 王佳．智能建筑概念 [M]．北京：机械工业出版社，2016．

[5] 符长青．建筑设备管理系统集成平台的优化 [J]．中国住宅设施，2013(3)：96-100．

[6] 蒋伟．智能建筑建立一卡通管理系统研究 [J]．电脑知识与技术，2013(9)：6912-6913．

[7] 张九根．公共安全技术 [M]．北京：中国建筑工业出版社，2014．

[8] 张亮．现代安全防范技术与应用 [M]．北京：电子工业出版社，2012．

[9] 焦杨，孙男．绿色建筑光环境技术与实例 [M]．北京：化学工业出版社，2012．